织金锦服饰

宝相花图案服饰

云纹蟒缎袍

清代帝王服饰

云南西双版纳的车里宣慰使龙褂

清绿缎五彩绣花卉氅衣

彝族漆甲皮甲

野兽皮革铠甲

萨满服饰

藏族僧侣服饰

清青色缂丝八团仙鹤花蝶纹吉服褂

清 青色缂丝八团仙鹤花蝶纹吉服褂

藏族萨迦王盔甲

清太宗皇太极蓝缎面绣龙铁叶盔甲

清太祖努尔哈赤红闪缎面铁叶盔甲

康熙石青缎绣彩云蓝龙棉甲

顺治锁子锦盔甲

康熙明黄缎绣彩云金龙纹锦大阅甲

乾隆金银珠云龙纹甲

锦绣华装:中华传统服饰之大美

杨　源　主编

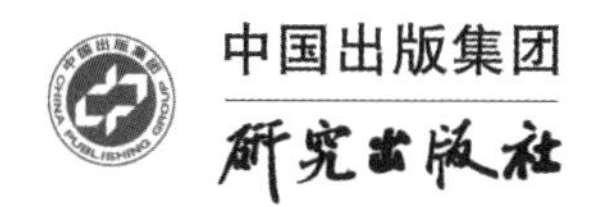

图书在版编目(CIP)数据

锦绣华装:中华传统服饰之大美/杨源主编.
—北京:研究出版社,2021.5
ISBN 978-7-5199-0934-5

Ⅰ.①锦… Ⅱ.①杨… Ⅲ.①服饰文化-中国-学术会议-文集
Ⅳ.①TS941.12-53

中国版本图书馆CIP数据核字(2020)第195136号

出 品 人:赵卜慧
责任编辑:张 琨

锦绣华装:——中华传统服饰之大美

作　　者:杨源 主编
出版发行:研究出版社
地　　址:北京市朝阳区安华里504号A座,100011
电　　话:010-64217619 64217612(发行中心)
经　　销:新华书店
印　　刷:河北赛文印刷有限公司
版　　本:2020年10月第1版 2021年6月第2次印刷
开　　本:710毫米×1000毫米 1/16
印　　张:16.75
插　　页:8
字　　数:335千字
书　　号:ISBN 978-7-5199-0934-5
定　　价:68.00元

目　录

中国民族服饰的传承与保护价值

杨 源[*]

中国是一个多民族的国家，在长期的历史发展中，各民族共同创造了博大精深、辉煌灿烂的中华文明。丰富多彩的中国民族服饰是中华文明的重要组成部分，同时也是重要的世界文化遗产。每个民族的风俗习惯、宗教礼仪、生产方式、生存环境、民族性格、艺术传统无不体现在他们的衣冠服饰上，因而民族服饰又是重要的非物质文化遗产。综观中国的民族服饰，纷繁的服装款式、精湛的服饰工艺、丰富的服饰内涵、多样的装饰形式，与少数民族的文化景观融合在一起，深刻地反映了中国各民族在历史长河中所逐步凝聚起来的文化传统。服装和饰物，都是各民族的杰出创造，共同构成了中国民族服饰的多姿多彩，具有重要的社会文化价值。

一、中国民族服饰的社会作用

中国民族服饰与少数民族的经济生活及其所处的自然环境相适应，从材料、工艺、款式到色彩、装饰、用途等都具有鲜明的民族和地区特色。民族服饰积淀了人类知识、经验、信仰、价值观、物质财富、社会角色、社会阶层结构等一切文化层面和因素，是各民族精神生活和物质生活的结晶，是文化财富和文明的体现，并构成了中华民族服饰的主要内容，是中华民族丰富的文化资源的一部分。我们也看到，中国少数民族服饰的传承

* 作者单位：中国妇女儿童博物馆。

发展不是封闭的、孤立的，而是随着我国多民族国家的形成而发展，随着各民族经济文化交流的增加而丰富。因此，中国民族服饰对整个中华民族社会和文化的研究、地区史的研究以及各民族发展史及现代发展的研究，都是不可或缺的珍贵资料，并具有重要的社会价值和文化价值。

中国民族服饰对民族发展有着承前启后的作用。可以说，民族服饰是少数民族在一定历史时期的政治、经济、文化的反映，这种反映是能动的、多方面、多层次的。其一，在历史发展的长河中，民族服饰的形成在横向上有传递和交流的因素，纵向上有传承和创新的作用。在代际之间进行的传承过程中，服饰文化得以传承下来，成为人类的共同财富；在族际之间进行的交流过程中，它又不断从时代的发展和其他文化中汲取营养，使民族之间、地区之间、国家之间的信息得以交流。民族服饰文化的交流与传承，在横向与纵向两个方面为民族文化的形成不断注入新的活力，使少数民族的社会历史得以不断地发展。其二，从人类文明史的角度来看，在农业文明向工业文明、传统社会向现代社会转型的过程中，现代文化对传统文化，包括对民族传统服饰文化的冲击是不可避免的。作为一种独特的文化符号，传统民族服饰随着民族地区经济社会的发展，对外交往的加深，受到的冲击和影响越来越大。然而文化是不断发展的，传统文化是建设现代文化的基础，而现代文化又是未来的传统文化。因此，传统文化也不会消亡，现代文化也不会停止。少数民族传统服饰文化在现代文明的冲击下虽然发生了难以避免的变迁，但民族服饰作为民族的标志和民族传统文化中最为鲜活的表现形式，历经漫长的岁月洗礼，仍然承载着民族发展的使命，焕发着独特的文化魅力。

中国民族服饰研究有利于增强建设民族共同体文化的积极性。民族共同体是一定地域内形成的具有特殊历史文化联系、稳定经济活动特征和心理素质的民族综合体，可以是一个氏族或一个部落，也可以是部落联盟、部族或现代民族。民族是历史的产物，政治、经济、文化、生活方式等方面的特征随着历史的发展，在民族共同体内表现出较稳定的共性。在民族共同体所拥有的共同语言、共同地域、共同经济生活和表现于共同文化上的共同心理素质中，共同地域联系是其形成的基础，且随着民族的发展而不断加强和巩固。如“中华民族”“斯拉夫民族”等就是这种在紧密的历史地域联系基础上形成的民族共同体。因此，民族服饰是各民族所拥有的民族认同的表征，少数民族在其所居土地上扎根越深，形成的民族共同体生存能力和团结精神越强。一个民族社会经济愈发展，对周围地理环境开发利用愈强烈，在地域上活动愈频繁，共同的地域联系就愈密切。服饰作为民族共同体的体现，民族服饰的研究不仅能作为民族物质文化研究方面的比较资料，还可以作为社会史和文化史的比较资料，从服饰文化角度可以认识少数民族的历史和现状，促进民族共同体文化的建设，提升民族凝聚力，达到传承民族文化的目的。

二、中国民族服饰的文化价值

中国民族服饰体现了少数民族对人类文明的贡献。服饰是人类生活不可或缺的必需品，“衣、食、住、行”是人类物质生活的四大要素，而“衣”摆在了四大要素之首。在人类发展的历史长河中，服饰起到了文明启蒙的作用。同时，服饰又是人类文化的重要组成部分，反映了人类文明进化的过程，凝聚着人类精神文化的成果。因此，中国民族服饰对于了解人类社会物质文明与精神文明的发展历程，具有十分重要的价值。

中国民族服饰在服饰史研究中具有重要价值。从服饰起源的时期开始，人类就已逐渐将其生存环境、习俗信仰，以及种种文化心态、宗教观念、审美情趣等，积淀于服饰之中，构筑了服饰文化丰富的精神文明内涵。人类服装史权威、美国华盛顿大学教授布兰奇·佩尼先生曾深为感慨地表示：“对服装历史的研究，可以说，等于从事一项探险活动，它涉及的领域很广，而且饶有兴趣。”确实如此，中国服装发展史上任何一个时期的服装款式，都可以在民族服装里看到。因此，中国民族服饰可以称为一部活的服装发展史。纵观少数民族的服饰，从最原始的树皮衣、狍皮衣到最华美的锦缎袍服、婚礼盛装等，这些造型各异、款式丰富的民族服装以实物的形式为我们诠释了一部服装进化发展史，反映了人类在服饰发展史中表现出来的创造性智慧。

中国民族服饰在边疆史研究中具有重要价值。由于特殊的历史、地理原因，我国少数民族与中亚、南亚、中南半岛有诸多“亲缘关系”和“地缘关系”。少数民族地区在民族、政治、经济、文化等方面都具有明显的特点。首先是边境线长，少数民族地区占全国边境线的91%，具有重要的战略地位；与14个国家接壤，有一类口岸120多个。少数民族地区自古就是中原与中亚和西方国家交流的重要通道，中国的丝织品在国际交流中起到了重要作用。中国的边疆是随着统一的多民族国家的形成和发展而逐渐形成和固定下来的，其既是一个地理概念，又是一个历史概念。我国有35个民族属于跨境民族，这些民族在族源、语言、文化习俗上与周边国家存在着天然的联系。在民族地区开展边疆史研究，要涉及许多方面，其中服饰研究是一个重要的方面。通过对少数民族服饰的研究，可以多层次、多角度探究边疆史的各种问题，能够对边疆民族、治边政策、边疆文化、边疆考古等方面的研究提供借鉴，还能更好地规划边疆经济文化发展战略，同周边国家进行经济贸易和友好往来。

中国民族服饰在民族宗教信仰研究中具有重要价值。宗教信仰以民族文化或民族亚文化的形式广泛存在于各民族的社会生活中，以致在民族文化区别要素中，宗教往往是一个最为显著的特征，其与民族心理要素、风俗习惯紧密相关。宗教对一个国家、一个民族往往意味着一种无形而巨大的向心力和凝聚力，容易获得社会成员的普遍认同。自古以来，我国各民族就有自己的自然崇拜和宗教信仰形式，宗教文化已是少数民族传统文化的一部分。中国民族服饰中有很多服饰现象反映了少数民族的自然崇拜和宗教信仰，民族服饰包含着该民族深刻的自然崇拜或宗教信仰的内容。宗教对服饰的影响是显而易见的，如我国西南民族的服饰多受佛教影响，西北民族服饰多受伊斯兰教影响等。所以，民族服饰研究对少数民族宗教信仰的起源、演变以及各种宗教对现代各民族的影响，都具有重要的价值。

中国民族服饰在地方人文研究中具有重要价值。“人文”是指人类的各种文化现象，民族服饰在地方人文方面内容广泛、丰富多彩，对人文科学的研究具有重要参考价值。民族服饰在一定程度上反映了民族地区的地理、历史、政治、经济、艺术、审美等方面的人文状况，同时，也是蒙古学、敦煌学、西夏学、丝绸之路学等地方性综合学科研究的珍贵资料。在漫长的历史岁月中，心灵手巧的各民族妇女在创造民族历史的同时，也在开创着自己的生活。在各民族妇女精湛的服装织绣中，包含着各种文化艺术的创意组合，承载着深厚的民族文化内涵。例如，一条花裙子绣着一段古老的歌谣，寓意着一个动人的传说；一顶帽子的花纹象征着吉祥美好；一条腰带、一段织绣，表现出许多历史文化故事。其中有反映祖先崇拜、讲述传统的故事；有表现民族大迁徙的征程等千古流传的民族历史故事和神话诗篇等，在民族服饰中留下了历史和文化的印迹。

中国民族服饰的制作材料在民族科技史研究中具有重要价值，能够为纺织科技史的研究提供支持。服饰是为满足保护身体的需求而产生的，人类以自身的创造力利用自然物或改造自然物，将其做成衣物，这是人类文化史的发端之一。可以说，服饰材料是不同的民族生产力发展水平的标志。一个民族的服饰材料、工艺、形制与该民族的生产技术水平是相适应的，与他们生活的自然环境是相和谐的，服饰的质料、工艺和形制，是一个民族生产力发展水平的标志。所以，少数民族的服饰发展史，也是人类生产力发展史的一个侧面。例如，纺织工艺流程和工具都是应纺织原料而设计的，原料在纺织技术中十分重要。纺织技术具有悠久的历史，手工纺织时期分为两个阶段：一、以采集原料为主的阶段，二、以培育原料为主的阶段。原始时期人类为了适应气候的变化，就地取材，利用自然资源作为纺织和印染的原料，并创造出简易的纺织工具。手工机器纺织时期也极为漫长，大约形成于夏朝至战国。从秦汉至晚清，纺织机器经历了长期的逐步发展，出现了多种手工机器纺织形式，而纺织技术和材料加工的创新基本都产生于手工机器纺织时期。中国少数民族的传统纺织生产经历了手工纺织时期和机具纺织时期，并一直保存至今，这为研究早期纺织科技史提供了有力实证。

中国民族服饰能够加深少数民族对其历史文化的认同感。民族服饰秉承着本民族优秀的文化传统，服饰作为民族文化的外在表现，不仅具有御寒、遮体、象征和装饰等功能，还反映了一个民族的内心世界和精神崇尚。但在周围是主流文化海洋的环境下，少数民族年轻一代对本民族文化的认同意识已趋于衰微，对传统文化的漠视和对当代城市文化的盲从是由于长期以来忽略本土文化和民族文化教育而形成的。现今少数民族需要重新激发对本民族优秀的传统文化的自豪感和认同意识，重塑弘扬和振兴民族优秀文化的氛围。作为民族文化的重要组成部分，传统民族服饰凝聚着深厚的民族感情，因此许多民族在传统节庆、婚嫁等重要活动时仍身着民族盛装。在民族地区，经济的发展并不是衡量民族发展的唯一标准，只有民族的文化自觉意识才能使他们保护和传承本民族的文化特征，认识到实现民族文化振兴的重要，才能给后世留下永恒的精神财富。民族服饰的传承和弘扬有助于保持中国民族地区的团结稳定，有助于凝聚民族人心，促进民族和谐进步，为中华民族的发展构筑坚实的基础。

三、中国民族服饰的保护措施

如前所述，民族服饰是中华民族丰富的服饰文化资源，其所展示出的纷繁款式、精湛工艺、丰富内涵以及文化活力，都足以说明民族服饰文化是少数民族的杰出创造，是文化财富和精神文明的体现。同时也说明，千姿百态、绚丽多彩的民族服饰是民族精神和物质财富的聚合体，饱含深厚的历史积淀和文化内涵，是中华传统文化的重要组成部分。但是，在全球化和现代化进程中，少数民族生活环境的不断变化和社会交往的日益扩大，蕴涵民族精神的民族文化形态在日渐改变；商品经济的发展和现代时装的引进，使民族服饰面临着现代文明和流行服装的冲击。这种社会人文环境使民族传统服饰不再被重视，曾经令人赞叹的民族传统服饰及其制作工艺已处于濒临消失的境地。因此，研究和保护中国民族服饰文化已成为一项紧迫的任务。

近年来，中国民族服饰及其织绣染技艺受到国家的保护和重视，已经列为重要的非物质文化遗产。在国务院已公布的五批国家级非物质文化遗产名录中，共有57项民族服饰和织绣染技艺被列入。此外，还有一些民族服饰和织绣染技艺列为省地级非物质文化遗产保护项目。对于中国民族服饰的保护与传承，还须采取更多的积极措施。在保护工作中，参与主体不仅包括政府，还应该包括了解民族服饰文化的专家学者、关心文化遗产保护的企业以及民族地区的族群和个人等。联合国教科文组织《保护非物质文化遗产公约》中强调了非物质文化遗产的社区、群体以及个人是重要的参与者和管理者，因为非物质文化遗产不仅属于全人类，也是属于特定群体的。少数民族在千百年的生活实践中创造并不断完善了本民族的传统服饰，他们对民族服饰文化的认知和理解最为深刻，也最能在保持民族文化内涵价值的前提下，使民族服饰文化在现代社会中焕发出生机。如果忽视了民族服饰文化的创造者和拥有者，保护和传承是不可能获得成功的。同时，专家学者和企业的参与有利于寻求一条民族服饰文化和手工技艺传承的有效途径，使少数民族服饰得到更全面、更系统的保存。在此，笔者认为可以开展以下保护措施：

第一，开展民族服饰的普查工作，摸清其历史沿革和现状，收集实物和相关资料，并编辑出版图书，从制作技艺、纹样形式、织绣染工艺以及相关习俗等方面进行深入考察，组织学术交流活动及展览展示，加强对民族服饰文化和技艺的研究。民族服饰的普查工作需要力度、宽度、广度和深度。需要国家和地区政府投入大量的人力、物力、财力，召集专家、学者，并培养更多的普查人员，将民族服饰文化所涉及的款式纹样、织绣染工艺等多个方面全面地进行收集。在普查过程中，须克服少数民族聚居地区自然条件艰苦和交通方式不便等困难，尽可能做到民族服饰实物、相关习俗历史背景、工艺继承者和具有文化价值的村落村寨不遗漏。同时，可运用文字、图片、录音、录像等多种手段，记录少数民族的生存环境、生活方式、各种服饰的穿着礼仪、服饰的装饰工艺等相关情况。对中国民族服饰进行系统的考察、整理、研究，充分挖掘民族服饰的形式特色和文化内涵，进行系统性的梳理，将丰富多彩的传统民族服饰的工艺和文化全面完整地保存下来，不仅为恢复和保护民族服饰打下基础，同时也有利于传统民族服饰与现代社会的发展相融合，是民族服饰可持续发展的关键。

第二，注重民族服饰文化生态环境的保护。文化生态环境的消失是导致文化消失的重要原因，现代经济的冲击已使传统民族服饰逐渐消失并远离少数民族的生活。恢复和保护文化生态环境是民族服饰文化得以传承的基本条件。生态环境的保护具有两个层面：一是民族服饰文化生态环境的整体保护。将民族服饰产生的条件全部原样维持，或许是民族传统服饰保护的最佳方式，但难度相当大，在当代社会几乎不能实现。二是民族服饰文化生态环境的局部保护，即保护其生成的最主要的条件，如生活方式、习俗信仰等。这种局部保护办法在当前民族服饰文化保护中应该是可行的。一个较好的案例是黑龙江省黑河市爱辉区新生鄂伦春民族乡，其位于小兴安岭北麓、刺尔滨河与索尔干其河汇流处的森林地区。该地区鄂伦春族由早期半耕半猎的定居生活逐渐发展为现今的农、林、牧、副、养殖多种经济模式，政府重视自然生态资源的保护。为了保持鄂伦春族传统民族服饰的延续，政策允许猎民按指标定期进山狩猎，鼓励猎民用猎获的狍子皮制作狍皮衣物，其保护政策得到猎民的拥护并积极参与。显然，这种现代狩猎行为和狍皮衣物的使用是以良好的自然生态环境为基础的，而其作为鄂伦春族狍皮服饰的文化生态环境要素也使狍皮服饰得到了保护和传承。从一定程度上恢复传统民族服饰在各民族生活中的穿用，可以调动少数民族的文化自豪感，鼓励其珍惜本民族的传统服饰文化，提升文化的自觉性，使民族服饰在面对现代工业产品的冲击时，可以依靠其本民族的文化力量得以传承。

第三，传承民族服饰的传统制作技艺，保护和培育传承者。可以建立传习馆或将服饰传统制作和装饰技艺引入校园，鼓励各民族的年轻人学习传统织绣染技艺，接受民族文化熏陶，从根本上提升本民族文化的认同感。民族服饰文化的保护和传承，离不开传承人队伍的壮大。目前，各民族的传统服饰文化普遍存在传承人高龄化、后继乏人和生活困难等问题，适当提高和改善掌握民族服饰技艺的传承人的待遇，以及扩大传统服饰技艺的传播范围就显得尤为重要。首先要保护掌握着传统技艺的老人，为其提供传授制作技艺和习俗的条件，并对其掌握的技能和本人基本情况作详细记录，有关部门对生活困难的老人应给予经济帮助。民族服饰普遍以“口传身授”的形式代代相传，这种传播形式在传承人年龄较大、人数很少的情况下，传播范围非常有限。因此，使现有的传承人能够将自身的技艺最大限度地传授给更多的人——尤其是年轻人，须改变传统民族服饰文化的传播环境，如建立传习馆、进入校园，扩展其传播范围。将民族服饰文化引入校园，可以让青少年更多地接触本民族的服饰文化，加深了解，激发民族自豪感和认同感，热爱本民族的传统服饰，从根本上唤起保护和传承服饰文化的自觉性。另外，鼓励年轻人学习传统技艺并能够利用传统技艺制作文化创意产品，将民族文化的传承和发展与社会需求结合起来，使少数民族的年轻人掌握传统技艺并成为谋生手段，可以促进他们学习和传承民族服饰文化。

第四，开发民族服饰文化旅游和文创产品。民族服饰在面料、款式、色彩、工艺、佩饰等方面有很多艺术和文化元素是当今服装设计领域和艺术品设计领域取之不尽的丰厚资源。当传统民族服饰已不再是少数民族生活所必需时，开发特色旅游产品有助于实现民族旅游与传统服饰文化复兴的再构建，创造民族服饰文化的新经济价值，并提升少数民族的民族自豪感，实现民族服饰文化的延续。民族服饰文化产品的开发和利用，既要有利于地区发展，更要使文化主人得到实惠。民族服饰文化保护和传承须以提高各民族的生活水平为目标，争取形成民族文化产业。文化产业是社会经济发展到一定阶段的产物，是市场经济规律使文化与经济趋同融合的结果，也是民族服饰文化发展的内在要求和客观需求。目前，云南、贵州、广西、新疆等省区，其旅游业凭借各民族独特的民俗风情，每年吸引了大批中外游客，成为一些地区的支柱产业，而传统的民族服饰作为最直观的文化载体，在这些民俗风情旅游活动中，是一道不可或缺的亮丽风景线。打造民族文化旅游圈，更是需要借助风格各异的民族服饰，其开发的潜在市场将有广阔的前景。四川凉山昭觉县把开发彝族服饰作为一项文化产业来做，经过数年的努力，凉山地区彝族服饰文化的定位逐渐清晰。在火把节等重大活动中，彝族服饰已成为彝族传统文化的代表，成功地将彝族传统民族服饰与当地的旅游产业结合起来，使传统服饰焕发出新的生机与魅力，得到了很好的保护与传承。将少数民族服饰文化转化为经济增长点，就必须把服饰艺术作为文化产品来运作，但应把握好传承与开发的关系。创新一定要强调在传统文化的前提下进行，应该尊重原有的图纹、技艺、形式和相关习俗，这样才能维护民族服饰所特有的文化的传承，这也是民族服饰产业化的正确道路。因此，在开发和利用民族服饰时，须做好其文化定位，应提倡以传统手工技艺生产出具有一定规模的、传统民族特色浓郁的、现代社会所需的时尚产品，使具有悠久历史和丰富文化内涵的民族服饰文化得到保护，以实现社会效益和经济效益的双赢，实现民族服饰文化的可持续发展。

总而言之，对中国民族服饰的研究和保护，有利于弘扬优秀的民族服饰文化，进一步发挥普及民族文化知识的作用，使民族文化得到持续传承，树立民族自信心，激发民族文化自豪感与文化自觉意识，使各民族主动去维护本民族的优秀文化传统。同时，有利于增强国家意识和民族团结意识，增强中华各民族的凝聚力。

民族文化宫博物馆馆藏民族服饰释略

段　梅*

民族文化宫博物馆自20世纪50年代末成立以来，收藏了大量的少数民族服饰，其中一些更是罕见的文物精品，其纹饰华美、工艺精湛，带有鲜明的民族风格和独特的审美特征，真实地再现了时代的风貌，为研究少数民族的历史文化提供了宝贵资源。本文从文物研究的观点出发，撷取其中几个方面加以论述，试图对开发少数民族服饰文化的深厚底蕴和丰富内涵有所裨益。

一、封建贵族官服

20世纪50年代以前，中国少数民族地区的社会经济结构复杂，社会形态发展存在着突出的不平衡性。在与汉族相邻或交错杂居地区，相当一部分少数民族在形式上保留着各自民族的结构特征，进入以地主经济为基础的封建社会。此外，还有部分少数民族的社会经济发展较为落后。其中傣族、藏族以及部分哈尼族和少数维吾尔族处在封建农奴制度之下，内蒙古牧区也存在着封建牧奴制度。还有一些民族仍然保留着浓厚的原始社会残余。

少数民族社会形态发展不平衡主要是受两方面因素的影响和制约，一是中国少数民族所处的复杂自然地理环境，二是历代封建王朝对于边疆少

* 作者单位：民族文化宫博物馆。

数民族的统治政策。元明清时期，实行在中央王朝统一政治制度下，允许少数民族地区保留固有的政治组织形式，并由中央政府承认并加以委任的政治制度。直至20世纪50年代以前，少数民族地区实行的主要有政教合一制度、盟旗制度和土司制度，这些制度在少数民族各类型的政治制度中占有重要比重。少数民族在复杂多样的社会形态和政治、经济制度大背景下，产生了复杂多样的社会组织、政治官员以及氏族首领。少数民族封建贵族的官服作为特定政治环境的产物，成为各阶层官员的尊贵身份和权势地位的象征。

（一）西藏地方政府的官服

西藏民族改革以前，实行的是政教合一的政治制度。西藏绝大部分地区是由封建世俗贵族和僧侣上层联合专政的政权组织西藏地方政府统治着。西藏政教合一制度，始于13世纪中叶，当时西藏佛教萨迦派受元朝政府之命掌管西藏地方的封建政权，建立噶厦，正式规定僧俗官员的品位、职权和名额。

在西藏地方政权中，地方政府的官员分成僧官和俗官两个系统。噶厦原设委员4人，称为“噶伦”，由三俗一僧即3名俗官和1名僧官担任。噶厦下面设有两个并列的机关，“译仓”掌管僧官系统，“仔康”掌管俗官系统。

原西藏地方政府的首脑为达赖喇嘛，其官阶为一品，在达赖圆寂后和未执政期间代其掌理西藏地方政府事务的摄政、第司也为一品。其下司伦（首席噶伦）为二品。噶伦、噶伦喇嘛、基巧堪布、公为三品。札萨、台吉、札萨喇嘛、塔尔汗、塔尔根、大喇嘛为小三品。颇本、代本、孜本、强佐、堪钦、堪穷及其他高级官员为四品。大宗的宗本，军队中的“如本”，拉萨市的地方官“米本”、孜准，陪审机构的陪审官及其他重要官员等为五品。译仓的秘书长“仲译钦莫”、宗本和孜康的会计师“孜巴”及政府内部分办事员“勒参巴”为六品。其余低级官员为七品。

西藏地方政府官员品级的区分从服装穿戴及座次上都有着严格区分。清代各级官员均按御制规章着装，噶伦、札萨、台吉以上可顶戴花翎。十三世达赖执政后，对顶戴装饰物做了更为详细的规定：司伦帽顶饰以珍珠代表二品官阶，公、噶伦帽顶饰以红宝珠以示三品，札萨、台吉帽顶饰珊瑚以示小三品，饰玉以示四品，饰蓝青宝石以示五品，六、七品顶饰为海螺。

西藏地方政府官员服饰有着严格的品级规定。一般来讲，僧官孜仲的官服不论品级高低都穿缎褂，噶伦喇嘛、札萨喇嘛、基巧堪布、札萨达喇嘛等要穿黄库缎“哈郭”。五品以上的官员在腰间系漱口瓶，“仲译钦莫”和“孜准”们要在腰间系一装笔和墨瓶小盒“扭卓”，遇有较大的节日要穿彩色“哈郭”。俗官集会时，仲科们头顶要以头发和红色彩绢丝绾起发髻，贵族子弟“色朗巴”以上者可在发髻顶端系饰六角金佛盒“嘎乌”。司伦、噶伦、札萨、台吉等四品以上官员要穿黄库缎长袍“曲巴”，夏天戴帽檐贯有铁丝并缀红缨的“加达”帽，冬天戴狐皮“衮夏”帽。四品官中，孜本和孜学强佐穿黄缎“曲巴”，五品官除穿紫缎“曲巴”外，要加套称作“卡均”的披风，戴黄色碗状“波多”帽。其他五品及以下官员如普通“仲科”，藏军的“如本”“甲本”“仲道”等穿呢子或氆氇“曲巴”，戴“波多”帽。各级官员不论职务高低腰间都系有荷包和小刀、碗袋。穿靴也有一定讲究，四品以上官员穿红色彩靴，以下者穿紫色彩靴，孜仲在重大庆典集会时，也有按上述品级要求穿彩靴的习惯。司伦以下，札萨、吉台以上在重大活动中，要穿固始汗和拉藏汗时期盛行的“喀卡”蒙古服，平时四品以上者穿镶黄边或蓝边的服装，系黄腰带，其余的孜本、强佐、色朗巴等下级官员不论职务均着“甲卢切”王子装。王子装全副装束要有披单（表示白象宝）、耳坠（表示金轮宝）、耳轮（表示玉女宝）、腰刀（表示将军宝）、荷包（表示绀马宝）、白裙帽（表示主藏臣宝）、珍宝（表示神珠宝）七样代表国政七宝的物品。[①] 上面提及的库缎，是华美织锦云锦的一种，由于织成以后要送到京师的缎匹库，因此得名。一般是在缎底上起本色团花花纹，以经线的不同交织织造，形成亮花和暗花的多重效果。还有一种库锦，又称作“库金”或“织金”，全用金线或银线织出，也是云锦的一种，都为封建贵族上层所常用。西藏地方政府官员官品不

① 丹珠昂奔等主编：《藏族大辞典》，甘肃人民出版社 2003 年版，第 985 页。

同，服饰亦有品序，这与当时中央政府官阶品序制度是相一致的。

此外，元明时期，西藏王公贵族还风行穿蒙古族服饰，穿黄袍，戴红缨帽。清代，内地服饰一时盛行，藏族贵族服饰华丽繁复。同时，在古代藏仪和明代藏仪的基础上，统治者又制定了严格的等级着装制度，以服装的面料、帽子的形状和纹饰作为主要标志区别官阶地位。如晋见达赖，必须穿前胸绣一龙的墨绿色称为“金希窝那”的朝服。上层贵族一般戴红缨帽，穿锦缎绉叠长裙和长袍，系丝绸腰带，佩松耳石和玉石，着长筒靴。清乾隆时《皇清职贡图》图注中有：“男高顶红缨毡帽，穿长领褐衣，项挂素珠。女披发垂肩，亦有辫发者。或戴红毡凉帽，富家则多缀珠玑以相炫耀。能织番锦、毛罽。足皆履革鞮。”

20 世纪 50 年代以前，西藏地方政府的官服多为织金锦质地。

织金锦服饰

锦，是一种最为华美昂贵的多彩织花高级丝织品，因此以金作偏旁，早在汉代已经有了十分完备的织锦工艺，多利用经纬线的变化起花配色，突显花纹。

元代时织金锦盛行。织金锦，又称作“纳石失”或“纳失失”（“波斯金锦”的意译）。织金锦是一种丝织加金工艺，多为当时的回鹘族人所擅长。元朝政府在全国范围内有条件的地区都设有“染织提举司”，集中织工，大量制造纳石失金锦，作为衣料和帷幕、茵褥、椅垫等日常用品。

元代织金锦有两大类，一种是在织造时将一些切成长条的金箔加织在丝线中的片金织法织成，一种是用金箔捻成的金线和丝线交织而成。元代以来，贵族官员多穿彩色鲜明织金锦，并沿袭金代制度，以花朵之大小定品级高低。法令规定，平民禁止用金用彩和龙凤纹样，下层办事人只许用毡褐色罗绢，平民只许穿本色或深暗色麻棉葛布或粗绢绵绸制作的衣服。元代盛行织金锦有两方面的社会原因，一是“衣金锦”显示华贵权势，以满足贵族统治者穷奢极欲的需要，再有就是用作赏赐物品。每年大庆节日，元代皇帝都要给诸大臣颁赐金袍，以示恩典。元代盛行喇嘛教，所用袈裟、帐幕大都为金锦所制。元明清时期，苏州丝织业甚为发达，与杭州、江宁（南京）合称为三大织造中心，主要生产宫廷服用及赏赐各种用品。江宁织锦亦为贡品中上品。明代南京设内织染局，专门以应上供。清代设有江宁织造局，专司监察督制织锦的生产。据《中国经济志》载：“云锦亦名锦缎，凡缎质而有花色者均属之。”“宋时宋锦即其鼻祖，限于专供御用。历代帝王用以作袍，明清尤盛行，皇族亲王亦用以制衣。”其流行程度，确不一般。

民族文化宫博物馆收藏的数件原西藏地方政府官服，均为金丝织锦质地。其中三品僧官金丝织锦缎袍，对襟系带，明黄底色，通身红褐蓝色团花和黄紫灰色金龙满绣，前后色宝相花各三，五爪行龙各三，呈竖三角形交错排列。两袖宝相花、五爪行龙各一，上面绣有以吉祥云头衬托荷花，组成“云地宝相”的宝相花图案。宝相花是一种伴随佛教在中国盛行而产生的组合式花卉类，即以荷花、牡丹、菊花等花卉特征为基础，其花瓣形似如意，使写实与变形相统一，在明代就已形成一种程式规格。又取佛像“宝相庄严”之意，创造出丰满富丽、理想化的装饰性花朵。伴随佛教的兴盛，宝相花成为一种常用图案广泛运用于丝绸面料中，特别盛行于明、清两代。

二品俗官孔雀尾羽长袍，此类长袍，用孔雀尾羽撚线平铺作满地，另用细丝线横界，宋代叫“刻色作”，明代称作“洒线”，又称作“雀金呢”。孔雀尾羽长袍曾为清代帝王的特种袍服，上面还饰有用米粒大小的珍珠串缀成的龙凤或团花图案，此类袍服制作极为奢侈费工。

三品僧官金丝织锦缎袍，对襟系带，两侧开大衩，云纹作底，织金云凤花叶图案。

宝相花图案服饰

四品俗官云纹蟒缎袍，右衽大襟，前后正中有五爪云蟒各一，左下摆前后拼接处五爪小云蟒图案，被簇簇蓝红色弯曲长尾云气纹包围其中，袍下摆绣有水浪江牙立水纹装饰。云气纹，又叫“流云纹”。《易经》有载“变化云为，吉事有祥”。因此大量出现在各个朝代，在汉代和明清时期尤为盛行。

西藏封建贵族官服无论从质地、纹样以及图案等方面都十分细腻精致，可见当时丝绸织造技术已达到很高水平。另外，其质地花色与内地同时期织锦十分相似，亦从另一侧面说明了西藏地方政府与中央的紧密联系。

云纹蟒缎袍

（二）傣族、羌族土司的官服

元明清时期，中央封建王朝在西北、西南等一些社会经济发展水平落后的少数民族地区实行封建统治土司制度，并颁予符印，以示统辖归属。土司制度始于元代，延续于明清时期，少数土司残留至中华人民共和国成立后实行民主改革前，前后历时七百余年。

土司制度是中国封建社会后期的特定区域环境的产物。少数民族特定的地理环境远离封建王朝的政治中心，这些生活在边远闭塞环境中的少数民族及其文化与封建王朝主要统治地区的文化传统相比，带有明显的特殊性。封建王朝为了巩固边远地区的统治，协调与被统治民族的关系，确立了这种具有相对独立性和一定依附性的土司政治制度。

元、明、清朝及民国政府对西南部少数民族实行土司制度，实际上是利用土司对民族地区的社会经济文化进行间接控制。土司制度在少数民族地区的确立，是少数民族全面接受汉族封建文化改造，改变自身文化归属的开端。在这种制度下，由中央政府分封各地少数民族首领世袭官职，充当地方政权机构的长官。土司具有本地区民族首领和封建王朝统治工具的双重身份，官职经由封建王朝的任命而被确认，并子孙世袭。各土司在其辖区内行使行政管理权、司法权和征收赋税权，并握有封建王朝认可的“额设兵马”。有的土司也担任流官，但在其辖区内的封建世袭特权不变。

元、明、清朝实行土司制度后，改变了以前西南部少数民族各自为政的涣散局面，避免出现如汉代的“夜郎”“滇”“南越”、唐代的“吐蕃”“南诏”、宋代的“西夏”“大理”“罗氏鬼国”“南天国”等地方性割据政权。自元代以后，封建王朝对西南部少数民族地区进行了有效的控制，国家得到了空前的完整和统一。再有封建王朝对少数民族地区实行土司制度后，改善了西南部少数民族地区不稳定的社会局面，社会秩序较为安定。

明清两朝土司分武职和文职两个系统，武职称“土司”，隶兵部，有宣慰使司、宣抚使司、安抚史司、招讨司、长官司、千夫长等品位高低之别。文职称“土官”，隶属吏部，实际受当地地方政府管辖，有土知府、土知州、土知县之分。清代还设有许多土千户、土千总、土把总、土外委、土目、土舍、土巡捕等规格较低的土官职，亦在土司之列。武职土司规格较高者，往往掌握一个地区的全部军事行政大权。在土司中，规格最高、权力最大的是宣慰使。宣慰使除对中央政权负担规定的贡赋和征发以外，在辖区内保存其传统的统治机构和权力。历史上，随着少数民族地区政治、经济的发展变化，中央王朝通过“改土归流”，使土司制度存在的范围越来越小，但未能彻底废除。

云南西双版纳傣族地区的封建政权，自上而下组织严密。其最高统治者傣语叫“召片领”，直译就是“广大土地的主人”。召片领在其领地内拥有至高无上的权力和所有的土地、山林、江河、矿藏等，是领主利益的集中代表。领地上的农奴，按规定“种田就要出负担”。西双版纳召片领自元、明时期起被中央王朝册封为“车里宣慰使”。宣慰使司署设在景洪东15华里的景岱，历史上曾拥有雄伟巍峨的宫室。西双版纳宣慰使是该地区政治、经济的集中代表，西双版纳山区中居住的哈尼、布朗、拉祜、基诺等十几个民族，亦归该宣慰使统辖。1956年民主改革前，西双版纳傣族土司“车里宣慰使司”是规格最高、延续时间最久的土司，其社会政治组织和制度也最为完备。此外，至20世纪上半叶，云南省傣族、哈尼族、彝族、白族、阿昌族、纳西族、藏族，四川省彝族、羌族、藏族，青海省土族等民族的部分地区，名义上还保留着品级较低的土司称号及世袭制度。①

清代帝王服饰

① 徐万邦、祁庆富：《中国少数民族文化通论》，中央民族大学出版社1996年版，第41页。

在服饰制度上，清代中央王朝继承了历代统治者的正统思想，吸收了汉族传统的服饰等级观念，将衣冠制度更加细化，以突出皇帝的地位尊严。官服依官职品级有着严格的品序区分制度和种种名目繁多的清规戒律，凡触犯服饰禁例者均要受到严厉的制裁，甚至会被处以极刑。按照清代服饰的定制，龙袍只限于皇帝、皇太子穿用，而皇子也只能穿龙褂。五爪龙缎、金绣等都在官民禁止穿用之列，大臣官员有特赐五爪龙衣服及缎匹，虽无论色样具许穿用，但也要将颁予的五爪龙缎挑去一爪服之。四开衩的衣裾，宗室才可穿用，其他官吏士庶只能穿二开衩的衣式。团龙褂非奉上赐不得用五爪龙团花、四团龙，唯诸王有特赐正龙者才许穿用。蟒袍上自皇子下至九品以及未入流者均有穿着，以服的颜色以及蟒的数量区分官职。例如皇太子用的是杏黄色，皇子用金黄色，亲王、郡王只有赏赐才能用金黄色。自贝勒以下众人，亦须赏赐五爪蟒缎者才能穿用。

云南西双版纳车里宣慰使龙褂

中国古代有赐服制度。早在春秋战国时期，帝王就赐冠服。自唐代武则天始，赐服纹样依官职高低不同。宋代，赐服制度已经形成，每年朝廷都按臣僚品级赠袄子锦。明代，赐服补子图案象征官阶高低，同时，还赐鱼袋等佩件。除此以外，古代还赐武官甲胄，赐功臣腰带。元明清时期，封建统治者赐下臣御服，帝王赐官宦大臣、内使服饰，表示恩宠奖赏。在谒陵、大阅、陪祀、监修实录、开经筵等场合还特赐官服。实际上是封建统治者笼络臣属使其感到恩宠借以维护封建王朝统治的一种政治手段。

云南西双版纳车里宣慰使龙褂，为清朝乾隆皇帝所赐。龙褂石青色绸缎面料，灰色软绸衬里。右衽大襟，前身、后摆、下端各开 16 厘米的衣衩。领口、袖口、衣缘处均嵌以灰色绸边，缀四个圆形镂空小铜纽扣，周身密布金绣图案，样式类似异色料缘边大襟马褂。龙褂通身前后两肩绣有四团五爪金龙，龙首面向正面，头部左右对称，双目圆睁，正视前方，蜿蜒而坐，又被称作坐龙，是龙纹中最为尊贵的纹饰。从这件龙褂通身遍布金绣、四团五爪正龙图案以及四开裾样式等方面的特征来看，的确不失为一件珍品。清朝乾隆皇帝赐云南西双版纳车里宣慰使的官服龙褂显示了中央皇室对西双版纳少数民族地区的封建集权统治和承认。

羌族土司蟒缎袍，圆领阔袖，前后正中绣正向五爪坐蟒各一，左右肩斜向五爪行蟒各一，袍襟左右绣斜向五爪行蟒于衣襟各二，是尊贵的式样。两袖端绣凤各一，通身十龙两凤，袍身绣有荷花、宝瓶、花卉图案和吉祥云纹，袍下摆绣有水浪江牙立水纹，做工十分精湛。此外，这件羌族土司蟒缎袍亦与当时中央王朝官员服饰特征相符，从一个侧面印证了羌族地区和中央政府的隶属关系。

二、军戎服饰

少数民族军戎服饰包括铠甲和胄，溯其渊源，历史悠长。

中国古代，早在商周时期，军队就有使用铜盔和革甲作为作战和防身的装备。《释名》记载：“铠，或谓之甲，似物孚甲以自御也。”意思是说：形似甲壳，孚负在身用于防护的用品称为铠甲。最初叫“甲”，后来又叫作“铠胄”，即“盔”，后世称“兜鍪”。考古发现，早在殷商时就有铜盔，周代时有青铜盔、青铜胸甲。《尚书・说命》载：“惟甲胄起戎。”另注：“甲铠，胄兜鍪也。”自秦汉以来，始有“铠”与“兜鍪”名称，使用铁甲铁胄。古代的铠甲多用皮革制作，将皮革分割成长方块状，横向排列，甲片之间用甲绳穿连成与胸、背肩宽度相符的甲片单元，甲片每一单元称作一“属”，各属之间，依次叠缀，串缀成甲衣。早期的甲用藤编制，后改为皮革。古代甲胄，皆用犀、兕皮，也有用鲛鱼皮制作，用两种兽皮的双层铠甲称作“合甲”。据《考工记》载，“函人为甲，犀甲七属，兕甲六属，合甲五属。”“犀甲寿一百年，兕甲寿二百年，合甲寿三百年。”《楚辞·九歌·国殇》有：“操吴戈兮被犀甲。”《唐六典》载：“皮甲为十三甲之一，犀兕为之。”所谓“犀兕”，实为水牛皮。铠甲上面涂以黑或红等颜色的漆，还有的加有漆文。魏晋南北朝时盛行的裤褶、裲裆，有的也用皮革制作，军中亦有穿着。

古代铠甲经历了由单片到多片、从皮革到金属的发展过程。青铜冶炼技术兴起以后，出现了用铜片串接的片甲和用铜环扣接的锁甲，铜盔顶端留有孔管，用作插鹖鸟等猛禽的羽毛，象征勇猛。

（一）藏族萨迦王盔甲

萨迦派是西藏喇嘛教实力最为强盛的一个教派，由于建在萨迦地方，故称“萨迦派”；又由于其寺院墙上刷有红白蓝三色条纹，俗称“花教”。13 世纪中叶，元朝统一了中国，在西藏建立了喇嘛教萨迦派的地方封建政权。元代萨迦派在中央和西藏地方享有许多政治上的特权。萨迦寺主第五祖八思巴，被元世祖忽必烈授为“灌顶国师”，监管总制院，成为元朝中央政权的一名高级官员，是元朝的第一任帝师，被封为大宝法王。公元 14 世纪中叶，元朝灭亡前夕，其政权为帕竹噶举派所取代。

元代皇帝赐藏族萨迦王盔甲，不仅表示了元代中央政府对西藏地方封建政府的认同和恩宠，也表现了西藏对中央王朝的归属，说明了元代中央政府与西藏的亲密关系。

藏族萨迦王盔甲，头盔为铜制，由 6 瓣弧形钢片焊接而成，便帽形状，盔体较高，顶部有中轴以插羽翎。铠甲用铁质甲片串成，甲身 10 属，甲片之间用皮条穿编连缀，扎结密集，故箭不能穿。形制由下至上在腋下处收窄，两臂领口处留空，呈背心状，下端有丝织锦物缘宽边。这种护身铠甲为早年使用，伴随火枪火炮的发展逐渐淡出。元朝政府对冶铁业十分重视，《元史》记载，当时设有负责管理与制铁业有关的铁局、减铁局、钢局等专门机构，大大促进了冶铁业和铁器制作技术的发展和提高，多用于制作兵器、农具、生产工具等。

藏族萨迦王盔甲

（二）彝族漆甲皮甲

中国古代有“漆国”之称，漆器的历史源远流长。考古资料表明，新石器时代晚期已有用漆液涂饰的陶器，最早发现的浙江河姆渡新石器遗址中，一些陶器和木器的遗痕处残留着发亮的漆皮，经鉴定认为距今有七八千年的历史，充分说明中国是最早使用漆的国家。

据有关文献记载，早在虞舜时期，食器上就使用了髹漆。大禹时期，漆器不仅内外髹漆，还有了朱绘彩漆。《韩非子·十过》载：“尧禅天下，虞舜受之。作为食器，斩山木而财之，削锯修之迹，流漆墨其上，输之于宫，以为食器。”“舜禅天下而传之于禹，禹作为祭器，墨漆其外而朱画其内。”周代髹漆工艺用处广泛，除了食器以外，还用于涂饰贵族乘坐的马车，有了赤地黑花的“髹饰龙车”、黑地赤花的“雀饰漆车”等。

彝族漆甲皮甲

商代有了木胎雕花漆器。河南安阳殷墟出土的涂红雕花木器印痕显示上面嵌有蚌泡装饰，河南浚县西周墓中发现朱、黑漆皮和螺钿残片，湖北蕲春西周木构建筑遗址中还发现有朱绘筒形漆杯残片，底色为黑色和棕色，绘有回纹和饕餮纹样。漆器自春秋以后广泛使用，战国时期漆器就有木材、木片制成的木胎，漆灰成型、麻布贴面的夹纻，牛皮制作的皮胎等许多种类。由于漆器具有防腐、防潮、抗酸的特点，制作使用简单方便，汉代开始大规模生产，当时以今四川境内的蜀郡、广汉郡生产的漆器最多、最为精致。

彝族使用漆器，由来已久。四川凉山等彝族地区靠近古代漆器重要的生产地四川成都，加之山区盛产木材，为彝族髹漆工艺的发展提供了良好的物质基础，使之逐步成为传统的民族工艺。凉山彝族漆器的胎骨多就地取材，用树木制作木胎；用动物的皮、角作为皮胎、角胎，大都用来制作餐具、酒器、马具、护身铠甲等。漆器一般用黑色作底，用红、黄两色描绘花纹。图案多由动植物的形态演变而来，有鸡嘴纹、牛眼纹、羊角纹、油菜籽纹等多种，也有反映天象的星星纹、太阳纹等。

彝族历史上战事频繁，多用漆甲作为护身。漆甲包括身体各个部位的防护，例如护身、护肘、护腕等。凉山彝族护身漆甲分为胸甲和背甲两大片，每片分为上、中、下三个部分。上部前后各有甲片 1 片，正中 1 大片，下窄上宽，呈冠状五角形，用以护胸背；中部前后各有用皮条连缀的 4 片长方形甲片，用作护腹；下部是用皮条连缀的由 300 多枚长方形小皮块编成的甲裙，形状如喇叭口，上面绘有带有原始风格的各种纹样，用来保护下体。漆甲前后两片连接，在侧面腋下部位开口，披挂在身后用皮条扎系使之固定。

彝族使用铠甲的历史悠久。清代《西南彝志》有“铠胄显威荣”的记载。过去彝族逢出征作战，都要举行祭祀仪式，供奉铠甲祈求保佑胜利平安。这些都说明了当时的彝族社会铠甲不仅用作防身，也是祖先崇拜以及财富、特权的象征。

野兽皮革铠甲

彝族铠甲除了漆甲以外，还使用犀牛皮、黄牛皮或象皮等兽皮制作的皮铠甲。野兽皮革坚硬，用作防身护体、抵挡刀箭等兵器。还有用棉毡铠甲和皮革作胎制作的盾牌、箭囊等。

三、宗教服饰

中国是一个宗教多元化的国家，中国少数民族普遍信仰宗教。中国少数民族主要信仰的宗教有原始宗教、佛教、伊斯兰教、基督教、道教以及民间宗教、历史宗教等。少数民族的宗教信仰是特定时代和环境的产物，亦在少数民族服饰以及服饰风俗上不同程度地留有遗存并有所发展，逐渐形成了特定的宗教服饰类别，具有多种表现形态和丰富的文化内涵。

（一）萨满服饰

“萨满”一词来源于通古斯语“Jdamman”，意为“兴奋的人、激动的人或壮烈的人”。萨满实际上是阿尔泰语系满—通古斯语族从事宗教活动的类似于巫师的神职人员，萨满教是原始社会后期原始宗教的一种形式。原始宗教是人类社会生产力和思维水平低下的产物。在 20 世纪 50 年代以前，中国各民族社会历史发展极不平衡，一些民族还保留着浓厚的原始社会的残余，因此，少数民族在原始社会状况下产生和发展的原始宗教信仰得以保存下来。萨满教以灵魂、神灵和三界观念为基本信仰，相信万物有灵和灵魂不灭，认为宇宙万物、人间祸福皆由神灵所主宰。萨满是神灵的化身和代理人，是人和鬼神的中介，具有特殊的品格和神通，具有驾驭和超越自然的能力。中国东北到西北边疆地区的满族、达斡尔族、鄂伦春族、鄂温克族、赫哲族、锡伯族以及部分蒙古族都信仰萨满教。此外，古代的朝鲜族、维吾尔族、柯尔克孜族、裕固族等也都信仰萨满教。

北方森林草原渔猎及游牧生产方式孕育了以萨满文化为背景的萨满服饰。萨满服饰和法器是萨满通神的工具，萨满借助其所穿戴的服饰，包括神衣、神裙、神帽、神鞋、神袜、神手套，尤其是缀有遮面流苏和具有象征意义的饰物、神帽等，施展“法术”，帮助萨满实现神灵附体，完成人神身份的物化转换，使人们相信他并非凡人，是“人神之间的使者”，能够沟通人与神鬼的关系，预知凶吉、呼风唤雨、祛病驱邪、消灾祈福，以遂人愿。信仰萨满教的少数民族都有自己的萨满，萨满神服各民族、地区都有一些不同，亦有性别、类型的差异。

萨满服饰

1. 满族的萨满服饰

满族的萨满穿红色对襟无袖七星衫，一般为棉布质地，象征星辰。一些保留神祭习俗的家族，上身着白汗衫，下着各色布或艳丽绸缎神裙，代表云涛。也有的用天蓝、深蓝、绿等颜色或粉、深绿等颜色布料制作。神裙下摆镶嵌各色布花边或各种图案，有的在裙下摆镶彩色绦子。

满族大萨满戴神帽。神帽是判断萨满神系的重要标志，也是萨满神力、资历的标志。满族萨满多以神鸟通灵神系，神帽上神鸟数量的多少，代表着萨满资历和神力的高低。

萨满神帽由帽托、帽架和各种帽饰组成。帽托多为红色棉制品，形状类似“瓜皮帽”。萨满佩戴神帽时，要先戴上帽托，再将铜或铁制帽架置于其上，用以护头。帽前正中和左右两侧分别缀有三面小铜镜子。帽檐上方左右两侧的帽架上缀挂数个铜铃，帽顶多装饰翘立神鸟，神鸟数量不等，用来表示萨满凭借神鸟的翔天能力实现人与神的境界之沟通。帽后坠有四五尺长的多为红、黄、蓝三色飘带，象征着神鸟飞翔的翅膀。神帽前檐垂挂质料不同的条穗。满族萨满跳神时会披挂七彩石坠，灰鼠、香鼠、貂、貉等动物毛尾，桦皮和藤条，用黄柏、蒲苇、冬青等雕成的各种形态的怪物，鱼皮、兽牙、兽骨、禽羽、禽爪以及黄羊蹄角等名目繁多的各种物件，有的全身披饰达数百件之多，以此象征宇宙间的各种生命物质，借此添加神的威力。

2. 赫哲族的萨满服饰

赫哲族的萨满服饰最早用龟、蛇、蜥蜴等爬虫的皮子拼缝制成，后改用鹿皮制作，为保持其原来的特征，将鹿皮染成黑色，剪成上述动物的形状贴缝在神具上。

赫哲族萨满神衣裙称作“希克”，神衣通身有 12 条蛇、4 只龟、4 只蛙、4 只蜥蜴、4 条短尾四足蛇。这些动物的形象，都是图腾崇拜的印记。早先，赫哲人萨满神衣上还绘有表示树木、龙、鸟、爬行动物、昆虫、骑士、人像等图案，各个部分都有着相应的对称关系。腰系半尺宽狼皮腰带神裙，上面扎有长条穗子，下垂至踝。

赫哲族萨满的神帽，称作“福依基”，意思是“鹿角神帽”。帽头用厚熊皮制成，上面装有 5 至 12 个杈的铁角。以帽上鹿角杈数多少，表示萨满的等级高低。神帽上缀有黑熊皮或布飘带，一般为十几条至数十条不等，亦有等级之分。前面的较短，遮过眼睛，其余的盖住整个头脸，脑后正中的长及脚后跟。女萨满不戴鹿角帽，帽檐饰有莲花瓣及飘带。下端还系有数量不等的小铜铃，铜铃数量也有等级之分。帽上还缀有铜镜、铜鸠、神兽等，并饰有装有神像的鹿皮神袋。神鞋、神袜、神手套上面绣有龟、蛙、蛇、蜥蜴等各种小爬虫、小动物和禽鸟等图案。

3. 鄂伦春族的萨满服饰

鄂伦春族的萨满服饰主要有神衣、神帽。

鄂伦春族萨满神衣，鄂伦春语称作“萨马黑”。神衣用狍皮或鹿皮缝制而成。领口、袖口及前襟等处绣彩色花纹，前胸、后背缀挂几面大小不同的铜镜。系宽皮带，皮带上缝有一圈彩色布条，垂至脚面。神衣上还缀挂数量不等的小铜铃、贝壳等。整件神衣重量有二三十斤，有的重达五六十斤。

神帽，鄂伦春语称作“萨满阿乌文”。神帽帽圈用厚兽皮制作，外面套有绣花黄布，上面固定着用铁丝弯成的帽顶，帽顶上有用彩色布条缠的9个三角，每个三角上都系有小铜铃和彩色飘带。帽的四周垂有彩穗或串珠，下垂遮住半个面孔。

（二）藏族僧侣服饰

藏族普遍信仰藏传佛教，宗教气氛浓郁，藏地僧侣众多，在20世纪50年代末期以前，藏区约有占总人口1/10的人穿僧侣服，其服饰与古老的宗教文化一脉相承。

藏族僧侣服饰

僧侣服的式样源于佛教世尊释迦牟尼黄色袈裟、法衣和禅裙的装束，各级活佛都有世代沿用的佛装。明代以后，各教派以佛经为依据，按照《律经》中比丘十三资具规定统一服制。在色调上，限于青如蓝靛、赤如土红、紫如木槿树皮。

僧侣服饰等级差别明显。僧装的色相、品质、款式以及法冠代表不同的佛位级别，此外，穿着场合、种类亦有严格规范。僧侣服饰色彩是区别宗教派别和地位的重要标志。以藏传佛教格鲁派为例，普通僧侣穿紫色、深红、土红、赭石、褐色等颜色的僧服；喇嘛活佛着不同色系的黄色衣袍，肩披黄色袈裟，头戴金黄色法帽，足蹬高筒僧靴。逢有重大佛教盛会，上层喇嘛必须头顶黄色法帽，以示佛威尊严、佛规严明，而一般僧众只有法事活动需要和特殊允许时才能穿戴黄色服饰。

藏族僧侣穿坎肩，称作“堆嘎”；外罩紫红色袈裟，称作“查散”，袒露右臂；下着紫红色幅裙，称作“夏木塔布”。诵经时袈裟外披斗篷式紫红色披衣，称作“达喀木”，戴心瓣式菩提心帽，穿足掌形翘尖僧靴，称作“夏苏玛”。

达喀木

喇嘛的袈裟多选用柠黄、中黄、土黄等颜色的质地柔软光滑的绫罗绸缎制作，袈裟的襟边等处刺绣有各种吉祥图案，有的还嵌饰各种织锦和金、银丝线，一般僧侣的袈裟多用深红、紫红、赭石、深褐色的棉布、氆氇、麻布等制作，也有的用皮制作，根据季节穿着。

绣有吉祥图案的喇嘛袈裟襟边

喇嘛、僧侣的幅裙均多采用紫红、深褐、咖啡等颜色的麻布类，也有用麻棉、呢绒质料。一般僧众的长裙用氆氇夹条绒、平绒和棉麻面料制成。高级喇嘛连背心长裙多用质地优良的毛氆氇面料，边沿处嵌压缎边，衣裙下摆用水獭皮或呢料镶边，有的里面衬有羊羔皮，外挂上等绸缎或棉布面料。在举办法事活动中，吹法螺的僧侣还要穿一种专门的深红色褶裙，也有的叫百褶裙。

披衣，又叫大氅，即斗篷，多用氆氇、棉、麻、呢绒制成，其样式如披肩，披衣上压有宽度相等的褶纹衣条，类似褶裙，为喇嘛及僧侣举行佛法盛会时所穿。高级活佛的披衣多用黄色高级呢绒制成，上面还镶嵌有珍珠、珊瑚、玛瑙珠等珠宝。

冠是佛教职位和权力的象征，分有不同种类。一般僧侣冬季戴平顶方形礼帽，夏季戴平顶竹笠。上层宗教人士在法事活动中多戴鸡冠形带穗法帽，格鲁派大活佛在佛法活动时戴金黄色圆形尖顶法帽，以示佛教盛事的神圣庄严。

僧侣们平时随身必备念珠和小佛龛盒。念珠既是喇嘛和僧侣念经作法时所用的主要佛具，又是僧服的主要装饰品。一般僧侣多用红木和菩提珠念珠，上层喇嘛们多用高级檀香木制成的佛珠，甚至是珊瑚佛珠，有的上面镶嵌着各种金银饰物。小佛龛盒是装有佛像或护身符的金、银质小盒，为圆形或方形，高级活佛佩戴的小佛龛盒多用纯金和银雕刻而成，佛盒上方雕有双狮、二龙戏珠等图案，下方分别刻有青稞、鱼、法螺等宝物和祥云图案。

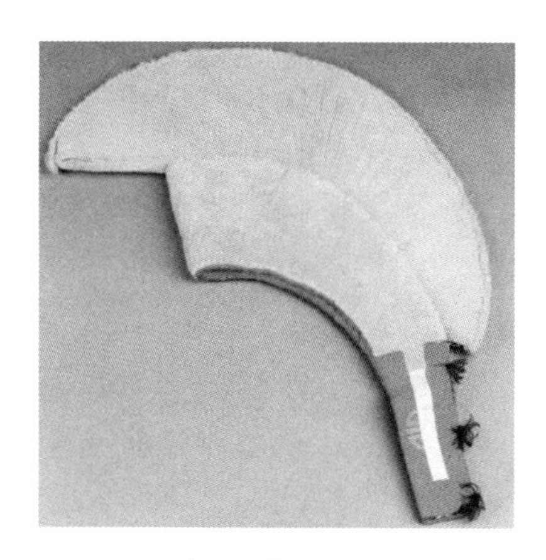

鸡冠形带穗法帽

（三）藏族跳神服

跳神，藏语称“羌姆”，意思是金刚法舞。跳神源于藏族原始本教的仪轨傩舞，是印度佛教密宗的金刚神舞与西藏地方的土风舞融合形成的一种藏传佛教寺院宗教祭祀舞蹈。跳神在固定的时间和场合举行，有的佩戴面具，也有的不戴面具。一般由僧人表演，也有俗人参加，有单人舞、双人舞、三人舞和集体舞多种。内容大都是降魔镇妖、驱邪避灾、弘扬佛法普度众生等佛教教义教规和佛经故事传说。16 世纪后半期以来，跳神在西藏、青海、四川、甘肃、云南各省以及内蒙古的藏族、门巴族、土族、裕固族、纳西族和蒙古族等信仰藏传佛教的民族当中广泛流传，十分盛行。

由于跳神参加者和扮演的角色众多，服饰各呈异彩。一般衣身宽大，袖子肥阔，主神服饰讲究，右衽大襟，通肩，袖子上窄下宽，为三角形旗袖，上面绣满代表神祇的各种形象、骷髅，围裙正中为三目护法神。跳神服上装饰的神祇头像大都威猛怪异、狰狞恐怖，被认为对妖魔鬼怪具有强大的威慑力量。

藏族跳神服

（四）景颇族“目脑纵歌”祭祀领舞服

聚居在云南省德宏傣族景颇族自治州的景颇族，在20世纪50年代以前，存在着浓厚的原始公社制残余。景颇族受中原封建王朝委任的傣族土司统治，同时又有自己相对独立的山官统治制度。“山官”为当地汉族的称呼，景颇语叫作“贡萨统”，又称“杜”“杜瓦”，是从原始农村公社分化出来的世袭贵族。山官制是一种以血缘关系为纽带的制度，实行幼子继承制。山官有自己的辖区，在辖区内行使独立权力。

犀鸟头兜鍪

景颇族信仰原始宗教和万物有灵，崇拜祖先。据景颇族创世纪传说，山官的祖先木代，是景颇族的保护神，代表财富和幸福，祭祀木代是山官家特殊权力的象征。“目脑纵歌”是景颇族祭祀祖先木代，歌颂其创世丰功伟绩的盛大宗教仪式和歌舞盛会。“目脑”“纵歌”本为景颇族两个不同支系分别对祭祀类“歌舞”的称呼，习惯上合并称呼。举行这种宗教活动时，场地要设祭坛，还要竖起高高的目脑柱，上面画有象征各种寓意的图案和舞蹈路线。方圆百里的上千景颇族群众都会来参加，在被称作“脑双”的巫师带领下，按照目脑柱上绘制的纹样路线围着目脑柱跳起模仿各种鸟步态的祭祀歌舞，象征回溯到传说中的喜马拉雅山祖地，与祖先“会合”。脑双头戴犀鸟头兜鍪，上面插有孔雀、雉鸡等各种翎羽。这种头饰，以后演变为在藤帽上加饰犀鸟嘴代替鸟头，上面插饰野猪獠牙、鸟类羽翎等，称为“固得鲁”。传说地上百鸟应邀上天参加太阳神举办的“目脑纵歌”盛会，学会了目脑歌舞，回来后推举孔雀作为“脑双”领舞，祖先又从鸟类学来了“目脑”，以后形成祭祖习俗一直延续至今。

景颇族祭祀时领头人“董萨”穿的龙袍

景颇族“脑双”舞服，领头人“董萨”穿龙袍，戴犀鸟和长羽装饰的法冠，象征宗教创始者的灵物。龙袍为织绣蟒缎制作，圆领箭袖。袍下摆绣有水浪江牙立水纹，袍襟绣两条斜向五爪行蟒于衣襟左右，前胸后背正中饰正向五爪坐蟒，是尊贵的式样，与清末中央官服相仿。领舞

“脑双”所穿袍服的质地、款式、图案都类似当时景颇族山官的衣着，由此可见景颇族宗教祭祀活动的主持与当权山官有着密切关系。

（五）瑶族师公服饰

瑶族主要信仰道教，瑶族信仰的道教是其原有的原始巫教与汉地传入的道教相结合的产物，因此又被称作“瑶传道教”。

道教在传入瑶族地区的发展过程中道巫融合，分衍成“文道”和“武道”两个派别。“文道”主要崇奉人格化的玉清元始天尊、上清灵宝天尊、太清道德天尊“三清”神，宗教职业者瑶语称作“刀翁”，意为道公，主要职能是打斋还愿、超度亡灵，并通过“度戒”吸收弟子。“武道”主要崇奉上元、中元、下元三相“三元”神，宗教职业者瑶语称“赛翁”，意为师公，主要职责是协助寨老主持喃神跳鬼、驱灾祈福等各种宗教活动。

瑶族道公、师公作法，都要穿特定的长袍，称作道袍。上面绣有所崇奉的“三清”或“三元”神像，用作主要法事活动，例如“还花”“度戒”“做功德”“做洪门”“送终”等。

瑶族道公、师公作法时穿的道袍

（六）巫师服饰

巫师服饰是少数民族实现人神沟通的媒介。少数民族宗教职业者的宗教服饰特征明显、标记独特，是其宗教身份的标志。

彝族的巫师，称作“毕摩”。“毕”是举行仪式时祝赞诵咒的意思，“摩”，意为长老、老师。“毕摩”，汉语又译作“鬼师”。彝族“毕摩”，世袭传承，专司安灵送灵、祭祀诵经、驱鬼招魂、禳灾祈福、占卜神判。同时，“毕摩”掌握相当的知识，又是彝族传统文化的传播者和保存者，担任着撰写传抄彝族包括宗教、历史、礼俗、天文、医药、工艺等各领域发展等职能，在当地村寨中有较高地位，受到大家的尊敬。

马尾披风

四川凉山毕摩主持祭祀时披马尾披风，用40匹好马的马尾编织，通体色泽乌亮。佩戴的法帽，彝语称作“衣麻尔布”，是用竹丝编的精致斗笠。

帽顶编有突出的小圆柱，柱端缀有一绺彩色丝线。还有一种法帽，彝语叫作“沙觉尔布”，意思是毡贴斗笠。即在竹编斗笠外面缝贴黑色薄毡，上面镶有用银片剪成的日、月、鸟、蜘蛛等动物形状的图案。帽顶呈小柱形，穿有多层圆形黑色毡片。有的还系有鹰爪、野猪牙项圈，挎羊皮经袋，还要手持上面刻有虎和鹰头的竹篾编织神扇“切克”。这些都用于盛大祭祀活动或诵经护灵，被认为有招神驱鬼的法力。毕摩作法时穿上这种特殊的服装，被认为是人与鬼神之间沟通的媒介，表示自己是神灵的替身，有着不凡的身手。

羌族巫师被称作“许”，上身穿大领宽袖麻布长衫，外套带有黄、白、黑三种颜色的对襟坎肩；下穿白布长裙，长及脚面；头戴金猴尖角帽，裹白绑腿。白色是神的色彩，象征神灵的符号。羌族崇奉猴为智慧之神，相传是巫师“许”的护法神，巫师作法时都要戴上金猴尖角帽，表示与神灵的相通。

傈僳族巫师称作“尼扒”，作法时身穿麻布衣，头戴两只大山羊角斗笠，背上背一把覆盖毛毡或麻布的长刀等，都是巫师作法的特殊装束。

中国妇女儿童博物馆织绣类藏品的收藏、研究与利用

吕梦雅*

博物馆是保护和传承人类文明的重要殿堂，是连接过去、现在、未来的桥梁。在社会发展的新时期，发挥博物馆的功能，满足公民的精神文化需求，提高公民的思想道德和科学文化素质，要发挥文物历史的承载者和传播者的作用，就要让文物“活”起来，这一观念已经成为国家的倡导、全社会的共识。让文物“活”起来，一方面是面向自身，不断深入挖掘文物藏品的文化内涵，让文化遗产资源在更大程度上满足人们的精神需求；另一方面要面向公众，创新文化传播的表现形式和表达方式，让文物的故事以公众喜闻乐见的形式深入人心，走进、融入人们的文化生活。

中国妇女儿童博物馆隶属全国妇联，2010 年对外开放，是我国首家以妇女儿童为主题的专题博物馆。我馆定位于围绕全国妇联“促进男女平等”的基本职能，以博物馆的语言和手段，反映各个历史时期妇女儿童的生活、发展和成就。我馆设有 6 个基本陈列和 5 个常设展览，其中，涉及织绣类藏品的是“女性服饰”和“女性艺术”两个常设展览，分别展示我国 56 个民族的女性服饰和刺绣、织锦、蜡染、剪纸等女性手工艺术。

我馆是一家专题类综合博物馆，文物藏品门类丰富，有书画、铜器、玉器、陶瓷器、织绣、文献等 20 多个门类；还有国际礼品、文物藏品 3 万

* 作者单位：中国妇女儿童博物馆。

余件。本馆现有织绣类藏品 1700 余件套，大体分为四类：①服饰；②民族文物；③民俗文物；④工艺品、古代织绣文物。以下就这四类织绣类藏品的收藏、研究与利用情况进行介绍。

一、服饰类

服饰是本馆织绣类藏品中数量较多的一类，开馆时数量大约是 520 件套，包括清代至民国的女装 130 多件套、女性鞋帽饰品 200 件套、儿童服装和鞋帽饰品 170 余件套。具体来说，有古代汉族女褂、女裙，清代满族女性旗袍，民国时期的旗袍、袄、裙、裤、坎肩，清代及民国的男、女童上衣、棉袄、坎肩；鞋帽饰品有童鞋、童帽、围嘴以及缠足女性穿的小脚鞋、清代满族女性的旗鞋、女性放足后的绣花鞋、女帽、手帕、云肩、荷包、香囊、眉勒等。

我馆服饰类藏品大部分来源于各省妇联的捐赠，总体来说比较零碎，基本上是日常穿用的服饰，因为涉及的种类比较多，不成系列，大多为一般文物，精品很少。在这些藏品中，有澳门特别行政区妇联捐赠的一批民国时期的服装 43 件，其中有民国旗袍 29 件；有来自天津市妇联捐赠的 120 多件清末民国的妇女服饰和儿童服饰；有来自广东省妇联捐赠的一批民国时期的童帽 46 件。此外，我馆以价购的方式，征集了 20 件清末和民国时期的汉族女装、荷包等，如清代石青缎三蓝绣花蝶纹女褂、清茶绿暗花绸花卉八团花卉大襟袄、清红缎绣龙凤纹马面裙、清妆花绸蟒纹霞帔、白缎打籽绣盘金荷包，这批服饰绣工精巧，较为精美。

作为女性生活的物证体现，女性服饰收藏是我馆征集工作一个不可忽略的方向，但我馆非服装专题博物馆，从哪个角度来征集女性服饰，是我们一直在思考的问题。服装不仅反映女性生活，也是社会文化和审美观念的体现，甚至是社会变革的集中体现。清末民国时期，是中国女装发生重大转折的时期。清代女装无论是满族女子的旗装还是汉族女子的袄裙，极为注重装饰，常用刺绣和镶边装点衣服，以繁复为美，形制上则一律宽衣博袖，服装与人体的曲线相去较远。民国时期，女装整体转向简洁适体，无论是一体式的旗袍还是上衣下裙，全部趋向窄身，同时省去一切不必要的累赘，便于女性参与社会生活，反映了伴随社会发展人们思想观念和审美意识的转变。

这一时期女装风格的改变主要体现在两个方面：一是服装形制，此时渐渐收窄收紧；二是服装的装饰手法简化，刺绣的使用大幅度减少，衣缘处的镶滚变得极为简练，旗袍边缘仅留一道细细的绲边。20 世纪 20 年代流行的“文明新装”由汉族女性传统袄裙发展而来，但上衣窄小仅过腰部，袖呈喇叭形、稍过肘部，与传统女装长至膝部的衫袄截然不同，下配素黑色长裙。旗袍是最典型的民国女装，从 20 世纪 20 年代开始流行，起初与清代情况相近，此后衣身与袖口逐渐收窄，腰身越来越明显，至三四十年代加入胸省和腰省，造型更趋合身，穿着更为合体，将女性自然的身体曲线完全显露出来。民国时期，女性的社会角色发生改变，简洁轻便的服装成为新女性的必然选择。服装之于女性，从强调装饰美转向表现人体美，反映出女性追求自由平等、个性解放的时代风貌，更重要的是从中反映出中国女性追求思想解放与身体解放的缩影。因此，一方面考虑服饰本身的工艺和精美，另一方面，更重要的是通过服装的变化反映女性解放，这是我们征集的目的。

基于这样的目的，近年来，我们征集了工艺精湛、制作精美的清代满族女装和汉族女装，如青色缂丝八团仙鹤花蝶纹吉服褂（图 1）。缂丝是唐代出现的一种高级丝织品，起初只用于制作装饰品，因其名贵，有“一寸缂丝一寸金”的说法。至清代，在宫廷服饰中广泛使用缂丝面料，甚至加入金、银，发展出缂金银面料。这件吉服褂的仙鹤、花卉、海水江崖等纹样均为缂织而成，纹样生动，色彩柔和，反映出清代女装面料考究的特点。还征集了绿缎五彩绣花卉氅衣（图 2）、青灰色横罗盘金打籽绣孔雀花卉纹马面裙、紫色三元花卉纹暗花缎绣花鸟纹袄（图 3）。这件紫色三元花卉纹暗花缎绣花鸟纹袄，为苏绣精品，全身彩绣十二团窠花鸟纹样，每团的禽鸟及搭配花卉各不相同，因为衣身面料为鲜艳的紫红色，图案刺绣模仿“三蓝绣”的绣法，花叶、山石全部使用蓝、绿色绣线，突出色彩对比，别具匠心，充分体现了清代女装精湛的刺绣技艺和华美的装饰之风。

图 1 清青色缂丝八团仙鹤花蝶纹吉服褂

图 2 清绿缎五彩绣花卉氅衣

图 3 清紫色三元花卉纹暗花缎绣花鸟纹袄

关于民国时期的女装，我们征集到的有：淡粉色缎绣花卉纹长袖旗袍，为民国早期的旗袍，直身版型；紫色缎平金银绣海水仙鹤纹长袖旗袍（图4），可以看到明显的窄身、收腰；淡紫色法兰绒绣花旗袍（图5），采用毛织法兰绒面料，机器绣花，裁剪使用了西式服装工艺的胸省和腰省，使女性身姿更显窈窕；还有月白色缎绣花卉纹上衣和青色暗花缎裙（图6），是文明新装的典型样式，上衣为立领窄身、大襟、圆下摆，用淡雅的月白色缎面料，下配简洁的黑色暗花缎裙，无任何装饰，表现出年轻女性清新自然的气质。

图4　民国紫色缎平金银绣海水仙鹤纹旗袍

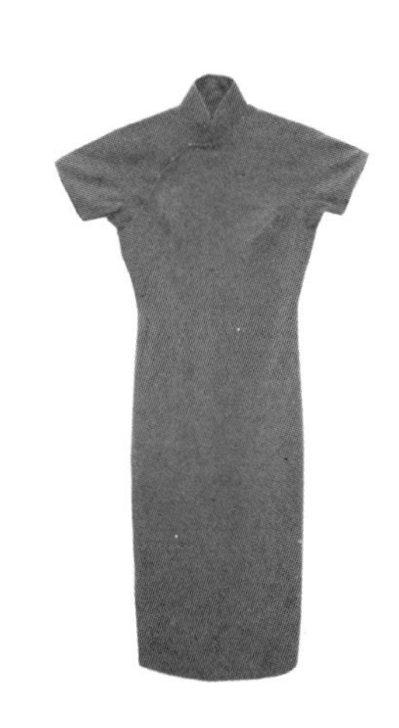

图5　民国淡紫色法兰绒绣花旗袍

图6　民国月白色缎绣花卉纹上衣、青色暗花缎裙

民国时期，女性身体解放还表现在放足。从缠足到放足是对中国女性具有划时代意义的变革，原有馆藏包括这类藏品，但是品相较差，展出效果不佳。清代满族妇女不缠足，由此出现了满族妇女天足和汉族妇女缠足的天壤之别。为反映这段历史，我们征集了清末时期的蓝色锁绣花卉纹尖足鞋（图7）、藕荷色缎绣花卉纹尖足鞋等汉族缠足妇女穿的小脚鞋，民国时期的浅湖色绸绣花蝶纹拖鞋（图8）、粉色缎绣喜字纹鞋等女性放足后的绣花鞋，以及满族女鞋，如紫色缎衣线绣莲花纹船底鞋、蓝绿双色缎面贴绣花盆底鞋。此外，还征集了一组120余件单只小脚鞋，形态各异，反映了不同地区的缠足风格及地域特点。

图7　清蓝色锁绣花卉纹尖足鞋

图8　民国浅湖色绸绣花蝶纹拖鞋

我们注重征集的系统性和完整性，比如民国才女赵萝蕤的一批旗袍，共10件；还有民国名媛唐瑛的一批服装16件套，其中旗袍6件、旗袍套装8套、衬裙2件。这些服装本身制作精致，难得的是非常完整，像唐瑛的旗袍套装，旗袍款式带有个人风格的改良，外套为西式外套，非常有特色，对于研究女装和民国女性都具有意义。

通过对清末民国女装的系统收集，本馆女性服饰收藏得以扩展，形成了从清末到民国较为完整的女性服饰藏品系列。经过近两年的策划筹备，我馆推出了《风尚与变革——近代百年中国女性生活形态掠影展》，在“服饰与身体”单元中展示了清末到民国百年间中国女性服饰的变革与身体解放的风尚。

2018 年，《风尚与变革——近代百年中国女性生活形态掠影展》在无锡博物院首展，广受好评（图 9、图 10）。2019 年，该展先后赴武汉辛亥革命博物馆和桂林博物馆巡展，取得良好的展览效果。

图 9 《风尚与变革——近代百年中国女性生活形态掠影展》展品呈现

图 10 《风尚与变革——近代百年中国女性生活形态掠影展》展品呈现

这几年，在征集女性服饰的同时，我们也不断丰富馆藏的儿童服饰，陆续征集了清末至民国时期的童装、童帽、围嘴、童鞋，如蓝色牡丹纹漳缎对襟童坎肩、青色缎绣云头纹童帽、布堆绫水禽纹儿童围嘴、紫色暗花绸虎头鞋等。这些儿童服饰色彩鲜艳、做工精巧，尤其是童帽、围嘴，构思巧妙，富有意趣。

二、民族文物

我国地域广大、民族众多，各少数民族织绣文物特色鲜明，是少数民族妇女智慧的结晶。我馆藏织绣类民族文物包括民族服饰 260 多件套、民族织锦 160 余件、背儿带 90 余件，另有少量民族织绣品。

我馆收藏的少数民族背儿带有水族马尾绣背带、壮族织锦背带、苗族数纱绣背带、黄平苗锁绣背带、侗族太阳榕树背带、麻江苗族蜡染背带等，一件背带上往往结合绣、染、织等几种工艺，或者是反映本民族最具代表性的工艺、纹样，可以说每一件都独具特色。

筹建时，国家民委向我馆捐赠了 30 套少数民族女装，包括凉山彝族妇女盛装、乌孜别克族女装、施洞苗族女子盛装、德昂族女装、基诺族女装、傈僳族女装等。这 30 套女装大部分制作于 20 世纪末 21 世纪初，形制完整，包含衣、裙、帽等，反映了当代少数民族妇女服饰特点和生活、精神风貌，全部用于本馆“女性服饰”的陈列展示。海南省妇联、贵州省妇联、云南省妇联、广西妇联、新疆妇联、重庆妇联等单位向我馆捐赠了民族服饰 230 件套左右，含儿童服饰约 30 件套。这些民族服饰成套的套装较少，单件居多，如广西盘瑶挑绣八角花大头帕、歪梳苗上衣、长角苗百褶裙等。

我馆民族服饰大体齐全，主要问题是精品不足；同时少数民族支系众多，很多支系的服饰未能收藏，如想要一一收藏，短期内难以实现。目前我们没有大范围征集，主要原则是拾遗补阙，增加精品。近年来，我们征集了苗族缠锦绣女服、贵州安顺苗族女装、丘北壮族女装、苗族双针扣绣女服等 20 余件套少数民族女装，均制作于 20 世纪六七十年代或更早，其中所包含的织绣工艺或者所代表的民族支系，都是原馆藏没有的，是对馆藏的补充和提升。

2018 年 3 月，由我馆主办的《韵致菁华——中国女性民族服饰展》在苏州丝绸博物馆展出，展出了 25 个少数民族的 100 余件女性服饰，展示了少数民族女性服饰的丰富性和多样性，增进了观众对中国少数民族文化和民族服饰的了解与认知。

少数民族织锦是我馆比较有特色的一项收藏，其中南方少数民族织锦数量居多，包含壮锦、土家锦、毛南锦、黎锦、傣锦、苗锦、布依锦、侗锦、景颇锦、阿昌锦等十几个民族的织锦。其中制作时代有民国时期的，有 20 世纪五六十年代的，工艺精美，纹样典型，具有代表性，基本能够反映所属民族的织锦风格与技艺特点。

以壮族织锦为例，壮锦有上千年的历史，元明两代曾作为贡品入贡并远销内地，质感厚重，色彩明艳，纹样类型既有几何图案，也有具象的动物纹样。馆藏壮族龙凤虎纹锦（图 11），纹样古朴传统，丝线光洁莹润，为环江水源式壮锦的代表作。馆藏壮族八角星纹锦（图 12），采用壮锦典型的八角星纹样和“卍”字纹，织功精湛，锦面细密平挺。毛南锦流传于广西环江一带，采用丝棉交织，受到汉族文化的影响，瓶花对凤纹是其典型纹样。馆藏毛南族瓶花对凤纹锦（图 13），以金黄、浅褐为底色，用色

图 11　民国壮族龙凤虎纹锦

典雅，用小梭挖织，造型生动古朴。土家族织锦以色彩厚重艳丽而著称，传统纹样众多，题材广泛，最具有代表性的品种就是打花铺盖，即“西兰卡普”。馆藏土家族椅子花纹锦（图 14）、土家族四十八勾纹锦（图 15）、土家族八勾纹锦等都是土家族织锦的典型纹样。此外，布依族勾龙纹锦（图 16）、侗族龙凤纹锦、苗族织锦围腰等，都是本民族织锦的代表性纹样，均在本馆的收藏之中。

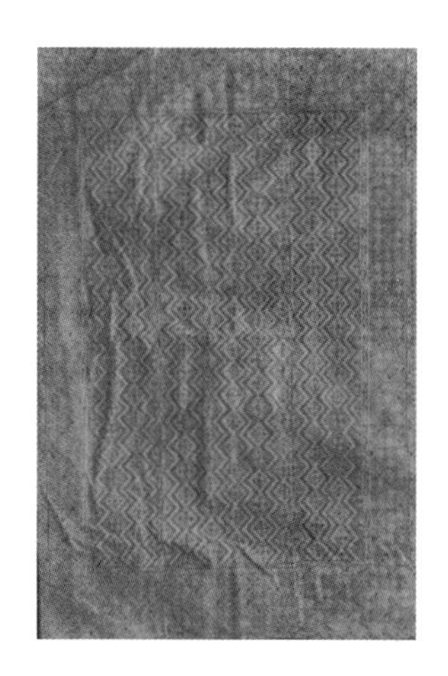

图 12　20 世纪壮族八角星纹锦

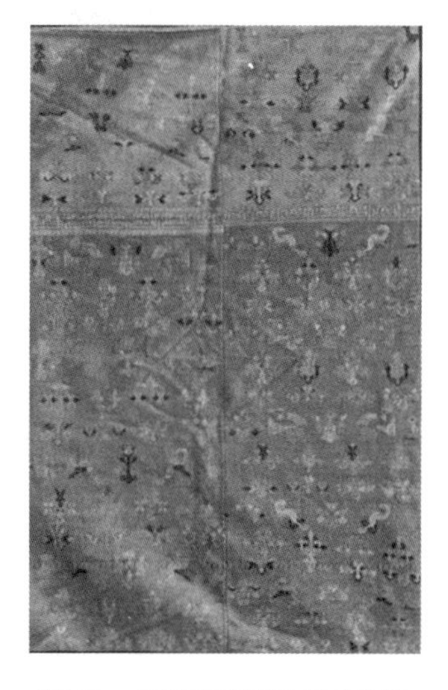

图 13　毛南族瓶花对凤纹锦

图14　20世纪土家族椅子花纹锦

图15　20世纪土家族四十八勾纹锦

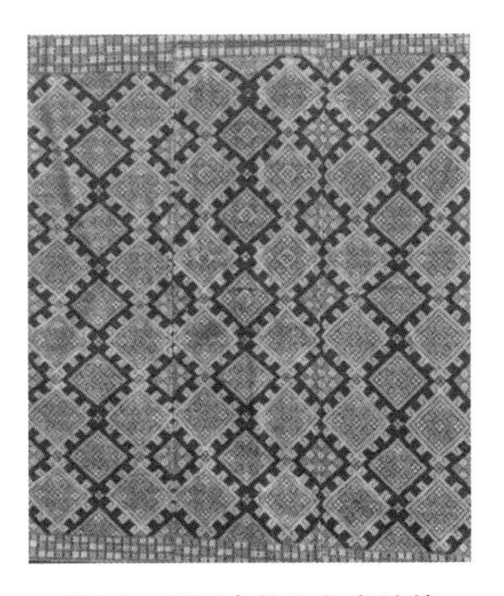

图16　民国布依族勾龙纹锦

原有馆藏织锦初具规模，在此基础上，我们进一步补充织锦纹样，丰富纹样类型，征集了壮族万字菊花纹锦（图 17）、土家族瑞兽纹锦（图 18）、布依族几何纹锦（图 19）、傣族勾纹锦（图 20）等 60 多件少数民族织锦，其中包含 4 件瑶族文字锦（图 21）和一件红瑶织锦女上衣，填补了馆藏没有瑶锦的空白。

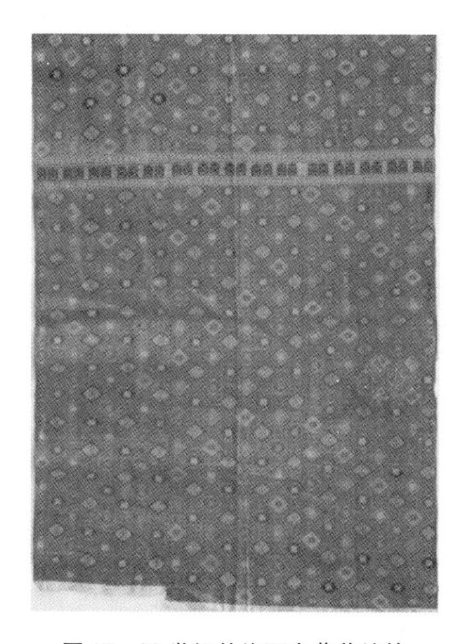

图 17　20 世纪壮族万字菊花纹锦

图 18　20 世纪土家族瑞兽纹锦

图 19　20 世纪布依族几何纹锦

图 20　20 世纪傣族勾纹锦

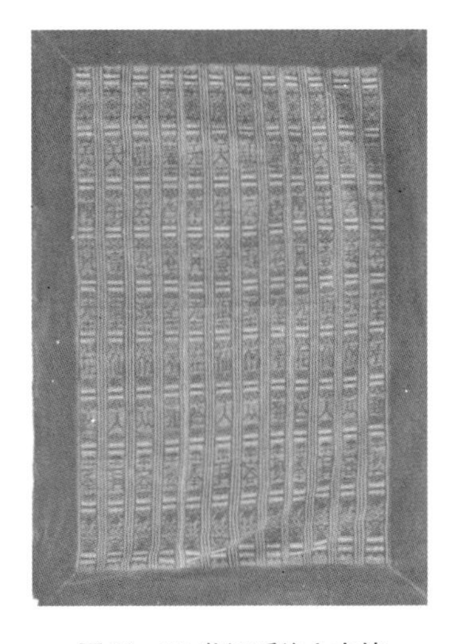

图 21　20 世纪瑶族文字锦

为了让更多观众认识、欣赏这些优秀的少数民族手工艺术品，我们筹划推出《指尖经纬——中国妇女儿童博物馆藏南方少数民族织锦展》，共展示壮族、土家族、苗族、布依族、侗族、黎族、毛南族等 9 个少数民族的 68 件织锦。该展于 2017 在广西民族博物馆展出，取得良好的展出效果。2018 年，该展在甘肃省博物馆展出。2019 年，该展先后在苏州丝绸博物馆（图 22）和无锡博物院展出。

图 22 《指尖经纬——中国妇女儿童博物馆藏南方少数民族织锦展》赴苏州丝绸博物馆展出海报

三、民俗文物

我馆原有织绣类民俗文物 80 多件套，包括帐檐、枕顶、枕头、枕巾、被面、床单、轿帘、门帘、墙围、桌布、烟荷包等，多数为清末民国时期的，其中较为精美的有民国时期的湘绣花草动物帐檐、湘绣花鸟门帘、夹缬百子纹被面、印染凤纹被面等。

民俗文物与日常生活息息相关，类型多样，题材广泛，花鸟虫草以及具有吉祥寓意的纹样比较多见。当前，随着社会经济文化的进一步发展，女性在家庭生活中的作用越来越受到重视和强调，家庭的稳定和睦离不开女性，社会的稳定平安建立在家庭稳定的基础上。全国妇联连续多年组织评选“最美家庭”活动，倡导孝老、睦邻、夫妻相敬、科学教子的家庭风气。因此，在征集织绣类的民俗文物时，围绕全国妇联的中心工作以及我馆的主题，一方面考虑文物本身的精美性；另一方面，在题材纹样上选择与我馆主题相贴近的，选择反映婚姻美满、家庭和睦、教子、孝亲相关的题材，是征集的主要方向。

图 23　清红缎绣吹箫引凤纹门帘

近年来，我们征集了反映婚姻美满题材的红缎绣牡丹花喜字帐、红缎平银绣喜帐、红缎绣吹箫引凤纹门帘（图 23），还有反映中国传统生育观念多子多福、子孙绵延题材的红缎绣百子图帐（图 24）、红缎绣婴戏纹门帘等。其中，红缎绣吹箫引凤纹门帘和红缎绣百子图帐在我馆主办的《风尚与变革展》中展出。

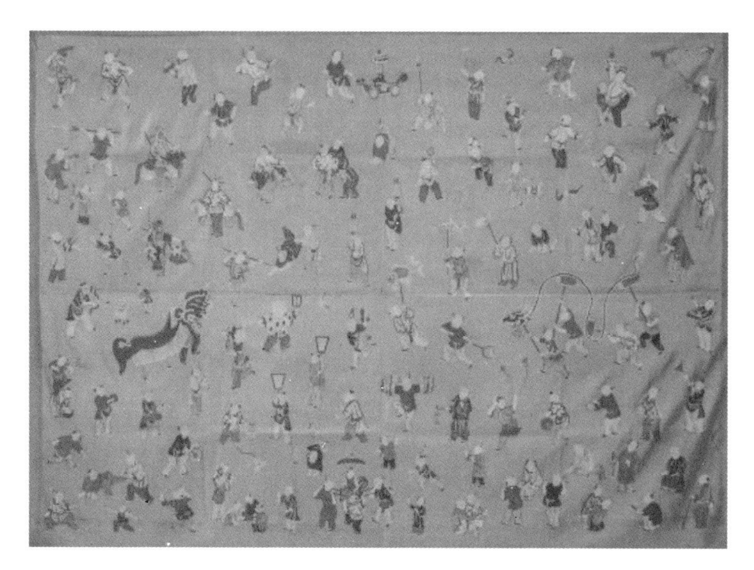

图 24　清红缎绣百子图帐

四、古代织绣文物/工艺品

馆藏古代织绣文物 30 余件，包括清代及以前的织绣文物，有北朝的朵花栏杆纹双面锦残片、唐代双羊团窠纹纬锦残片、唐代的栏杆纹锦带、清乾隆时期的苏绣《四季花卉图》、清光绪时期的潮绣戏曲人物帐帘等。

工艺品包括当代女性艺术大师的刺绣作品和以丝、棉等纤维为主要材质的艺术品。开馆时，我们已收藏有苏绣大师顾文霞的《猫蝶图》、湘绣大师刘爱云的《樱花图》、广绣大师陈少芳的《枫叶寿带》《乐融融》《岭南佳果——靓荔枝》、蜀绣大师郝淑萍的单面绣《芙蓉街九条鱼》和双面绣《九寨沟大熊猫》等刺绣作品，以及洪滨丝画《一览众山小》《人乐年丰》等艺术品近 30 件。

2014 年，我馆主办《指间春色　妙手生花——十姐妹中国刺绣展》，借此机会，征集到潮绣国家级非遗传承人康惠芳的《金牡丹》、乱针绣省级非遗传承人孙燕云的《观海》等当代刺绣大师的作品 12 件，绣种涉及苏绣、蜀绣、粤绣、顾绣、杭绣、汴绣、晋绣、乱针绣、广绣、疆绣等 10 个绣种。

2015 年，全国妇联发展部与四川省妇联在我馆联合主办《川针引线巧手致富——四川妇女居家灵活就业工作成就暨传统手工艺术展》，我馆接收郝淑萍大师无偿捐赠的蜀绣作品《青城霜叶火样红》、四川省级工艺美术大师孟德芝无偿捐赠的蜀绣作品《吉祥孔雀》。

近年来，我馆的馆藏不断增加，儿童服饰的收藏逐渐丰富，少数民族的背儿带也极富有特色。我们将进一步加强研究，提高利用，着手策划相关展览，以弘扬优秀传统文化，满足公众越来越旺盛的文化需求。

新疆博物馆馆藏蓝底云气禽兽纹锦

陈新勇*

新疆维吾尔自治区博物馆藏有一件汉代鸟兽纹锦鸡鸣枕，也称蓝底动物纹锦枕，1984 年山普拉出土。展开后通长 67 厘米，织锦长 25 厘米，宽 25 厘米，翼宽 8.2 厘米①（图 1）。国家二级文物。

图 1　汉代鸟兽纹锦鸡鸣枕展开图

笔者对这件汉代织锦仔细观察分析，发现这件织锦上的动物禽鸟与《山海经》中所载瑞兽神物惊人相似，蓝底云气禽兽纹锦（图 2）采用二方连续构图形式，因左侧留有幅边，故自左至右分析，图案自左至右有四个云气山峦作为分割，每个山峦云气间穿插两个瑞兽，1 单元由于紧靠幅

* 作者单位：新疆博物馆。

① 新疆维吾尔自治区博物馆、新疆文物考古研究所编著：《中国新疆山普拉——古代于阗文明的揭示与研究》，新疆人民出版社 2001 年版，第 134 页。

边只有一个瑞兽单，分为一组，2～3 单元为一组，4～5 单元为一组，6～7 单元为一组，8 单元为人物，9 单元为瑞兽。

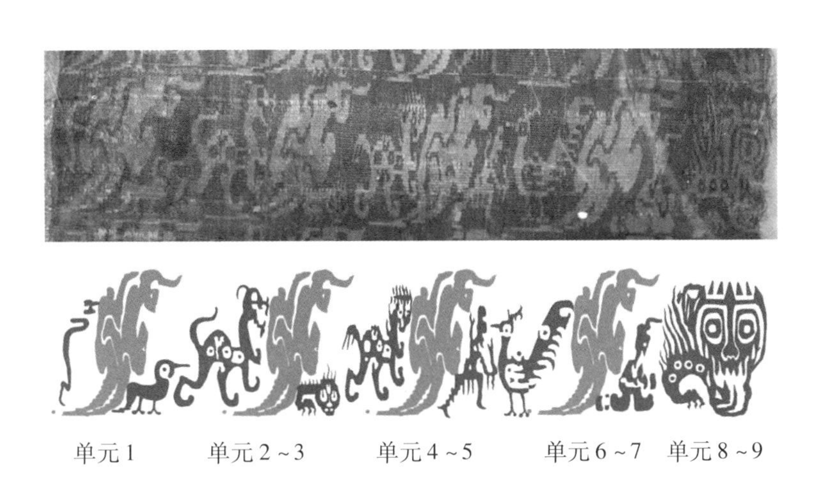

图 2　蓝底云气禽兽纹锦局布纹锦

1 单元组：此形象靠近幅边，自上而下成“S”形蛇状，蛇状“S”形右上角有一小块“工”形纹样，在其他单元不见，因右侧紧靠云气山峦，故 1 单元仅此一神兽。上古时期似蛇的神兽经过对比后，蝮虫与之较为相似。虫为“虺”的本字，腹虫即蝮蛇，出自《山海经全鉴赏》（注译卷一《南山经》）第三篇《猨翼之山》：“又东三百八十里，曰猨翼之山，其中多怪兽，水多怪鱼，多白玉，多蝮虫，多怪蛇，多怪木，不可以上。”①

2～3 单元组：

2 单元：观其形象似鸡，大圆眼，长喙，矮小站立状，双足各分出两趾，其尾巴雄壮向下弯曲拖地，向右朝向。

形象与上古神兽重明鸟描述极为相似。重明鸟是古代神话传说中的神鸟，形似鸡，但是叫声像凤凰一样，据说它能够驱除猛兽和妖物。新年时家家户户将鸡贴在门窗上，也是取重明鸟驱除妖邪的寓意。《拾遗记》中说：“尧在位七十年，有积支之国，献明鸟，一双明睛在目。状如鸡，鸣似

① 王学典：《山海经全鉴赏》（注译卷一《南山经》），中国纺织出版社 2016 年版，第 1 页。

凤。解落毛羽，用肉翅而飞。能抟逐兽狼，使妖灾群恶不能为害。或一年来数次，或数年都不来。国人都全洒扫门户，以留重明。如重明鸟未到的时候，国人或刻木，或造铜像，为此鸟的形象，放在明户之间，则魑魅之类，自然退伏。"所以到了现在，都刻木像、造铜像或画图像，或画鸡于门上。

3单元：观其形象似虎，身体健壮匀称，身体上有表示斑点的四个同心圆。四足作奔跑状，双目圆睁，嘴巴大张，头顶有一向后弯曲的犄角。

形象与上古神兽獬豸描述极为相似。獬豸也称"解廌"或"解豸"，是中国古代传说中的上古神兽，古代神判与神裁思想下产生的著名神兽，据说獬豸能够听懂人言，能够分辨是非，所以也被视为勇敢、公正的象征，又被称为"法兽"。根据《论衡》和《淮南子·修务篇》的说法，它身形大者如牛，小者如羊，长相与麒麟相似，额上有一个角，酷似如今的"独角兽"形象，据传角断者即死，全身长着浓密黝黑的毛发，双目明亮有神。

4~5单元组：

4单元：观其形象较为短小成匍匐蠕动状，似仅有一足爪，且足爪上有三个锋利无比的指甲向后弯曲。足爪与身体头部连为一体，头大，双目圆睁，高鼻梁、嘴巴做龇牙状，头顶与脊背皆有向上的鬃毛。身体朝向右方。

形象与上古神兽狸力描述极为相似。狸力，《山海经全鉴赏》（注译卷一《南山经》）："柜山，有兽焉，其状如豚，有距，其音如狗吠，其名曰狸力；见则其县多土功。"[①] 它是柜山上的瑞兽，狸力出现的地方，正在大兴土木。见到它的地方，地面多起伏，所以猜测狸力善于挖土。

5单元：观其形象似虎豹，身体上有五个表示斑纹的同心圆，四足成奔跑状，豹头短耳，双目圆睁，嘴做吼叫状，头顶有向上的鬃毛，短尾拱起，末端向下分散似牛尾。

---

① 王学典：《山海经全鉴赏》（注译卷一《南山经》），中国纺织出版社2016年版，第1页。

形象与上古神兽彘描述极为相似。彘，其状如虎而牛尾，其音如犬吠。

6～7 单元组：

6 单元：似站立的人形兽，猴头，长臂双举起，身上有下垂的长毛，双腿成半蹲状，身体朝向右方。

形象与上古神兽狌狌描述极为相似。狌狌，其状如禺而白耳，伏行人走，食之善走。狌狌是中国古代神话传说中的异兽，记载于《山海经》，形似猿猴。《山海经全鉴赏》（注译卷一〈海内南经〉）[①]：狌狌知人名，其为兽如豕而人面。狌狌是神奇的野兽，形状像长毛猿，长有一对白耳，既能匍匐，也能直立行走，传说它通晓过去的事情，但是却无法知道未来的事情。据说吃了狌狌的肉，有健步的作用。《荀子·非相》："今夫狌狌形笑，亦二足而无毛也，然而君子啜其羹，食其胾。"

7 单元：观其形似鸡状、形体大方，双足站立，头顶部有冠羽，大尾羽毛上扬向后飘逸，有一表示斑纹的同心圆。

形象与上古神兽凤凰描述极为相似。凤凰共有五种，即五凤，《小学绀珠》卷十："凤象者五，五色而赤者凤；黄者鹓鸲；青者鸾；紫者鸑鷟，白者鸿鹄"，《山海经全鉴赏》（注译卷一《南山经》）："丹穴之山……有鸟焉，其状如鸡，五彩而文。名曰凤凰，首文曰德，翼文曰义，背文曰礼，膺文曰仁，腹文曰信。是鸟也，饮食自然，自歌自舞，见则天下安宁。"[②]《渊鉴类函》引徐整《正律》中有一条极可注意的记载："黄帝时代以凤为鸡。"此一记载有一定的可信性，可能正是在此时，鸡成为凤凰的主要替身之一。汉代是中国传统文化的重要形成时期，凤文化在这一时期获得了较大发展。在汉代各种工艺品和建筑装饰上，自然界的鸟几乎都用作图案题材，如鹤、孔雀、锦鸡、喜鹊、鹭、鹳等。但是，最鲜明而富有时代特征的是凤凰一类神化的瑞鸟纹样。这些传说中能给人们带来祥瑞和兆庆的神鸟，在装饰物上占有极其重要的位置。这些凤鸟形体大

① 王学典：《山海经全鉴赏》（注译卷一《海内南经》），中国纺织出版社 2016 年版，第 221 页。
② 王学典：《山海经全鉴赏》（注译卷一《南山经》），中国纺织出版社 2016 年版，第 16 页。

方，挺胸展翅，高视阔步，气宇轩昂。汉代的凤鸟图案，充分流露出形象的动态与气势，处处表现出整体的容量感、线形的速度，以及变化的力量。

8单元：观其形是一跪坐的妇人，着汉服，最典型的是“交领右衽”，就是衣领直接与衣襟相连，衣襟在胸前相交叉，左侧的衣襟压住右侧的衣襟，在外观上表现为“y”字形，褒衣广袖，袖宽且长，发髻高耸，双手抱于胸前成跪拜状，似在向9单元神兽跪拜求饶。在汉代女子对于发饰的装扮是力求多样的，因为汉王朝的政治进步、经济繁荣，再加上与外国和少数民族政权的交流，社会风尚也发生较大的变化，宫廷贵族的发式妆饰则更是奢侈、华丽。汉朝女子大多是让额头前的发饰隆起，露出额头来，然后平分成髻，梳于脑后。最有特色的是，她们的发髻都高耸于脑门之上，有的头发不够长，就用假发来接。高髻只是少数贵族女子使用的一种发式。

9单元：观其形仅残存多半纹样，大头大耳圆眼阔鼻、血盆大口满嘴獠牙，头上有一排三角形犄角，脊背上长满鬃毛，头与身体连接成一体，蜷曲的足爪，足爪分出三趾长甲向下后抓。蜷曲的身体上有表示斑纹的五个同心圆。

形象与上古神兽饕餮描述极为相似。饕餮是古代汉族神话传说中的一种神秘怪兽，是传说中的一种凶恶贪食的野兽，相传为上古四大凶兽之一。《左传·文公十八年》：“舜臣尧，宾于四门，流四凶族，混沌、穷奇、梼杌、饕餮，投诸四裔，以御螭魅。是以尧崩而天下如一，同心戴舜，以为天子，以其举十六相，去四凶也。”《吕氏春秋·恃君》：“雁门之北，鹰隼、所鸷、须窥之国，饕餮、穷奇之地。”

《山海经全鉴赏》（注译卷一〈北山经〉）[①] 介绍其特点是：羊身，眼睛在腋下，虎齿人爪，有一个大头和一张大嘴。十分贪吃，见到什么就吃什么，由于吃得太多，最后被撑死。后来形容贪婪之人为“饕餮”。

新疆考古发现的织有兽头纹的锦、绮实物数量不少。兽头纹在绮和锦

① 王学典：《山海经全鉴赏》（注译卷一〈北山经〉），中国纺织出版社2016年版，第16页。

上常与其他纹样一起出现，有时也是云气动物纹中一种特殊的动物纹。兽头纹样作为丝绸图案题材，早在殷商时期的刺绣品上就已出现了，它和同时期青铜礼器上流行的饕餮纹有密切的关系。

1995 年尉犁县营盘墓地 YYM15∶5 一件白色菱格动物兽面纹绮现藏于新疆文物考古研究所。白色，组织结构为典型的汉式组织，平纹地上以 3∶1隔经显花。图案为菱形框架内依次排列兽面、对兽、对鸟、对兽、菱格几何纹等。菱格动物兽面纹绮图案复原，最右边大头鬃毛竖立，大嘴獠牙者应是饕餮（图 3）。

图 3　菱格动物兽面纹绮图案复原

菱格动物兽面纹绮，斯坦因楼兰墓葬出土，其兽头形象及排列已接近魏晋风格，王磊义先生编绘的《汉代图案选》中称之为豹首纹锦[①]（图 4）。

尉犁县营盘墓地 M39 号墓出土一件汉文和佉卢文双语禽兽纹锦，日本学者释读佉卢文为“悉”，汉文为“王”。动物的图案是狮子，这样纹样文字织锦的设计、生产，受时在京质子、胡商胡人使团等的影响，织出“王”字，昭示其某种地位和身份，因此，这类文字织锦应是在京朝贡的西域绿洲城邦国家王族或在京西域子侄们请求织室或服官役吏，按照他们的审美、功利等意愿，设计生产。这件织锦上的动物应该是饕餮（图 5）。

① 王磊义：《汉代图案选》，文物出版社 1989 年版，第 122 页。

图4　斯坦因在楼兰发现对菱格动物纹绮

图5　尉犁县营盘墓地 M39 号墓出土的一件汉文和佉卢文双语禽兽纹锦

楼兰墓出土对禽、对兽兽头纹绮的兽头也是填充在杯形骨架中。斯坦因在楼兰发现两件兽头纹锦：一件锦上兽头和连枝灯、虎、龙等纹样横向并列贯通幅；另一件锦上的兽头居中，两旁各有体态较小的豹纹（图6）。

图6　楼兰出土对禽、对兽兽头纹绮

值得一提的是魏晋南北朝初期，在新疆地区生产的平纹纬锦上也见有兽头纹。它虽然是模仿汉锦兽头纹样，也伸出双爪，但面目更接近人的面貌。1972 年阿斯塔那古墓 TAM170 ∶60 红地人面鸟兽纹锦（图 7），这件织锦里面的“人面”形象，估计描述有误，其实也是饕餮形象，构图延续了汉代织锦中饕餮的形象，头部鬃毛竖立，圆眼，双爪在两侧，只是趋于装饰意味，不是血盆大口、瞠目獠牙那般凶猛。

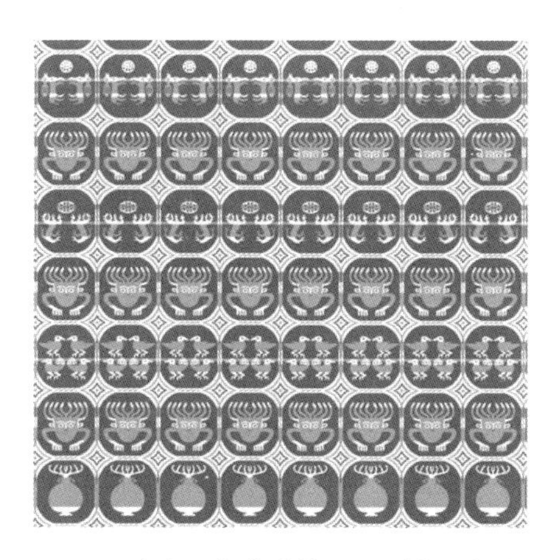

图 7　红地人面鸟兽纹锦（王乐复原提供）

汉代的图画是汉代艺术的一个重要组成部分，汉代画像砖的题材广泛，内容丰富，可以分为神仙世界、墓主人生活和驱鬼镇墓三大系统，被大量运用在丝绸、彩陶、漆器、建筑及墓壁上，反映瑞兽、瑞禽形象的不少，饕餮形象千变万化，流传延续时间较长，风格迥异（图 8）。

小结：此件蓝底云气禽兽纹锦（图 9），纹样设计巧妙，神兽神态逼真，八个神兽和一个跪拜妇人两两穿插在变体云气山峦纹之间，分别向四周重复地连续和延伸扩展而形成的纹样。左边有幅边应该是起点，右侧到饕餮处仅存饕餮一半纹样。综上所述几处出土织物及画像砖饕餮形象，推理如图像完整，应右侧还有一爪，应该还有其他神兽组合。古人将妇人和诸多神兽组合排列，肯定有其用意。《山海经》中对神兽已有描述，上古华夏神州，万物皆有灵性，在广瀚的三界之中，出没着一些极富灵性的神兽。它们长有各种奇异的外形，并且有着不为人知的神奇力量。

图 8　汉代画像砖上的饕餮纹饰和西晋时期画像砖上的饕餮纹饰

图 9　蓝底云气禽兽纹锦复原图

从上述新疆出土的一些类似神兽纹锦大致可以看出：时代越早织锦越复杂精细，汉代时神兽纹样不但表现得动态、神态相当具象，就连各自的性格是凶是温和都表现得淋漓尽致；到了晋唐时期，神兽图案趋于简化概括和抽象，构图几何化，用色也活泼跳跃。

中国古代神话风起于周，拓展完成在汉。汉虽有前后两分，但一脉相承，其核心是天人合一的宇宙情怀，经过政治纲纪，达到完善。汉代的神话证明：在古代，神话不仅仅是表象的历史神话化或神话历史化的产物、传说的积累扩展或者对自然力的想象，更深层的是建元开国、治国理政的战略实践和具有宗教精神的资源力量的适用。

明代的衣着特点

——以四川博物院藏明代服饰与陶俑为例

彭代群*

明代跨时二百七十六年，这样一个处在元和清之间的汉族人统治的封建王朝，从推翻元代蒙古人统治之后，就根据汉族的传统，通过制定禁胡服、废元制等一系列不能僭越的服饰制度，“上承周汉，下取唐宋”，在服饰形制的规范上恢复汉服体系，推动汉服款式、服色的流行。解读明代服饰礼制的创新与流变，也是解读在扬弃与传承交织过程中汉族传统演进的密码。

四川地区明代墓葬发现较多，目前已发表资料的有一百余座。四川博物院藏有成都地区出土的明代墓葬文物一千六百多件，年代从明早期到晚期，其中不乏精品。主要包括成都北门八里庄明墓、五块石明墓、凤凰山朱悦燫墓、梁家巷红花村明墓，城南华阳包家桥明代崖墓、华阳高板桥明墓、华阳桂溪乡砖瓦厂明墓、永安寺明墓、永兴寺明墓、红牌楼明墓、衣冠庙明墓，城西白马寺、三座坟，城东成都前进机器厂明墓、十里店明墓、德胜静居寺明墓、东山灌溉渠明墓、胜利公社明墓以及外东得净寺明墓。这其中，能直接表现明代衣着服饰风貌的陶俑、瓷俑七百多件，这一类藏品多出自城北凤凰山朱悦燫墓和城西白马寺。

1956 年，在成都的周边新都县（现成都市新都区）蛾蛾坟发掘出土一批陶器、银饰品、丝绸棉麻织品。其中，成型服饰百余件。这些服饰的出

* 作者单位：四川博物院。

土为更直观地欣赏和研究明代服饰艺术提供了丰富的资料。本文仅结合四川博物院藏明代墓葬出土的有代表性的服饰和陶俑瓷俑的衣着，试析常见明代服饰的特点。

传统服饰就形制而言，主要指首服、身服、足服。

一、首服

首服一般分为冠、巾、帽三类。三种首服用途不一，冠主要用于装饰；巾主要用于束发；帽主要用于御寒兼有装饰功能。巾、帽偏实用功能。

古人着首服，程序比较复杂。第一步束发，梳好发，用束带缠好发根；第二步结发，结成发髻；第三步安发，用笄或发簪稳固发髻。经过三个步骤再戴上巾、帽或冠。

明初倡导废弃元代服制，整顿恢复汉族礼仪。但是，一般庶民仍保留了一些元代的装束习惯。1952 年出土于城东十里店明墓的陶俑椎髻露顶，使用巾子束发而不裹头，束发结发方式接近于元代（图 1）。

为了推动民众顺应朝代更替，习汉族传统服饰文化，明政府规定了新的服饰制度，衣着上有了较大的改变，同时，又有十分严格的等级限制特征。

图 1

（一）政府推行的样式

单就首服来说，主要有四方平定巾和六合一统帽两种由政府规定式样，颁发全国通行。

四方平定巾，又叫“四角方巾”。关于它的来源，明代藏书家、文学家郎瑛在《七修类稿》中记叙了一段传说：“今里老所戴黑漆方巾，乃杨维桢入见太祖时所戴。上问曰：‘此巾何名？’对曰：‘此四方平定巾也。’遂颁式天下。”《明会要》卷二十四引《集礼》有记载：“洪武三年，士庶戴四带巾，改四方平定巾，杂色盘领衣，不许用黄。”沈文《圣君初政记》

也有同样的记载："洪武三年二月，命制四方平定巾式，颁行天下。以四民所服四带巾未尽善，复制此，令士人吏民服之。"

图 2

四方平定巾一般以黑色纱罗制成，可折叠，呈倒梯形造型，展开时四角皆方，为明初颁行的一种方形软帽。明初颁行的时候，高矮大小适中，其后一直在变化，到明末变得十分大，加之四方平定巾一般为读书人所戴，所以，民间常用"头顶一个书橱"来形容。

明代朱悦燫墓出土的一件通身施黑釉的俑所戴首服即为明初贴服头顶、大小适中的四方平定巾（图 2）。

图 3

1970 年发掘于成都凤凰山的朱悦燫墓，出土了大批施釉陶俑，这些陶俑有文官俑、武士俑、舞乐俑、仪仗俑、侍俑等类，形象生动、制作精细、色彩艳丽，除了在俑所戴首服中找到了明初四方巾的形制外，戴六合一统帽的俑数量也不少。帽颜色有红褐色和黑色，均为规整六瓣，下有檐，帽顶有帽珠（图 3）。

《事物绀珠》记："小帽六瓣金缝，上圆平，小缀檐，国朝仿元制。"这种六瓣拼成的小帽元代即有，只不过明代取"六合一统、天下归一"之意而名之。这种无檐、窄檐或包有装饰窄边的六瓣小帽流行于清朝，又叫"瓜皮帽""西瓜帽""瓜壳帽"。到民国，民间仍有人戴。

在明代，六合一统帽是士庶阶层常用帽式之一。商贩、差吏、小市民戴六合帽为多，读书人、中小地主、官僚退职闲居之人戴方巾者多。

（二）明代独创的网巾

网巾在明代是最具有朝代象征、最没有社会等级区分功能的服饰，既可戴于巾帽下，也可单独使用。平常家居可以露在外面，比四方巾和六合帽都制作简单，劳作之人穿着较为便利。着朝服、官服戴纱帽下先戴网巾起到拢发的作用。

《蚓庵琐语》记："其式略似渔网，网口以帛缘边，名边子。边子两幅稍后缀二小圈。用金玉或铜锡为之；边子两头各系小绳，交贯于二圈之内，顶束于首，边于眉齐。网巅统加一绳，名目网带，收约顶发，取一纲立而万法齐之义。"

绢制网巾开有孔，缀以绳带，李介《天香阁随笔》记："网中之初兴也，以发结就，上有总绳拴紧，各曰一统山河，或一统天和。"明末天启年间，形制变为"懒收网"，就是只束下口而省去上口绳带。

1956 年新都蛾蛾坟出土网巾（图 4），高 22 厘米，网巾周长 56 厘米。绢为整边对缝，绢织幅 25 厘米左右（图 5）。上边留有口，无绳。下边穿有绳带，绳带可收紧。由此网巾的形制可以推断蛾蛾坟当为明晚期墓葬。

1955 年成都城西白马寺 6 号墓（明典服正魏存敬墓）出土瓷俑（图 6），高 31.7 厘米、座高 5.8、宽 9.8 厘米。模塑，右衽、大领袍、束腰带、着筒靴立于台座，面、颈、手无釉，其余着浅蓝、蓝色二釉，大部分釉剥蚀。头上网巾清晰可辨。

图 4

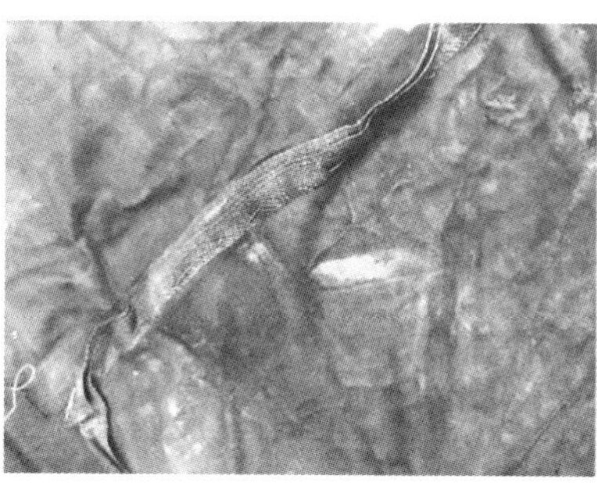

图 5

图 6

（三）兼容并蓄的幞头、毡帽、笠帽、梁冠

从四川博物院藏明代墓葬出土陶瓷俑可以看到塑像展现出的首服除了使用最广泛的网巾、四方平定巾和六合一统帽外，幞头、毡帽、笠帽、梁冠等沿袭旧制的首服也共同存在并有所演变。

明代对头巾的偏好和崇尚超越了历代，在前后两百多年里，头巾样式达四十多种[①]。有根据样式定名的，如平定四方巾；有根据质地定名的，如罗巾；有慕古人名而称之，如东坡巾；有根据时代特征定名的，如唐巾等，不一而足。

四川博物院藏明代墓葬出土陶俑戴的巾、帽、冠都具有一定的代表性。

最早的幞头是一种裹头的软巾。它是从东汉的幅巾基础上演变而成。由于幅巾系结不方便，于是加以改进，裁出四脚，利于打结，因而流行起来。它的形制多种多样，有平式幞头、结式幞头、软脚幞头等，根据塑形辅助材质的不同，又分为“软裹”和“硬裹”。由于明代巾、帽合流的趋势明显超越前代，巾帽又常常混为一谈。

图 7

1955 年，成都城西白马寺明内官董泰墓出土文俑（图 7），模制，瓷胎，身穿蓝绿色袍，袖手于胸前，腰束带，着筒靴，骑于马上。俑头戴垂脚幞头，带系于脑后垂下，似两条飘带，亦称“软翅巾”。

乌纱帽、折上巾均由这一类幞头逐步演变而来。在明代，幞头是帝王百官的必备品，皇帝用来配常服，百官用来配公服。为了办公方便，无脚

① 张志云：《中华文化元素服饰》，长春出版社 2016 年版，第 119 页。

幞头在衙门里很流行。图8为1970年成都凤凰山朱悦燫墓出土的明代戴无脚幞头陶俑。

乌纱折上巾又称“唐氏幞头”，与乌纱帽基本相同。1970年成都凤凰山朱悦燫墓出土的明代陶俑，幞头左右二角折之向上，竖于纱帽之后，是典型的乌纱折上巾（图9）。

图8

图9

幞头最初是临时系裹而成，也叫“软裹”。为便于出行，以铜铁丝、琴弦、竹篾等为骨架，以绢作衬，在上面包裹巾帕，不需要仔细系裹的幞头叫“硬裹”。1970年成都凤凰山朱悦燫墓出土的明代陶俑幞头外形硬挺，区别于临时系裹的“软裹”幞头，也属无脚幞头之列（图10）。

图10

1970年成都凤凰山朱悦燫墓出土的明代陶俑，头戴圆顶巾（图11）。圆顶巾又叫“吏巾”，为典吏人员所戴，是沿袭宋元时期的帽式。

1970年成都凤凰山朱悦燫墓出土的明代陶俑（图12），所戴帽为圆顶，帽子后半部有半圈比帽顶高的帽山，这种帽式为“中官帽”，又叫“内使帽”，一般是奉御太监戴，源自高丽王服的样式。明代王三聘《古今事物考》：“用纱裹之，增方带二条于后。无官者，顶后垂方纱一幅，曰内使帽。”

图 11

图 12

所谓毡帽，用片状兽毛或纤维等垫衬叠压成织物而制的帽子。它夏日可遮阳吸汗，冬天可挡风御寒，隔热防晒，既当笠帽，又当草帽，除了酷暑炎日，四季可用。明代张岱在《夜航船》中记述：“秦汉始效羌人制为毡帽。”到了明代毡帽已是一般平民的帽饰。

1955 年成都白马寺 6 号墓（明典服正魏存敬墓）出土瓷俑（图 13），模制，施浅蓝、蓝釉。穿右衽大领袍，束腰带，着靴立于台座，右手夹牛角形器，左手曲肘放于胸前，戴短檐毡帽，与元代骑马俑帽式相类似，应为沿袭元代旧制。

1955 年成都白马寺明内官董泰墓出土明代彩釉戴截筒帽老年男侍俑（图 14），瓷胎，模制。头向右前方，面部有胡须，身穿蓝色袍，腰束带。左手曲肘于胸前，右手提衣挨近腰部。立于束腰式座上。这种平顶如截筒的毡帽流行于弘治年间。

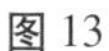

图 13

图 14

笠帽是一种能遮挡阳光和避雨的有檐帽。笠子元代就比较流行，到了明初，朝廷有法令规定笠帽为农民专有物，上城市不受限制，非从事农业生产的不能随意戴。以此令以示对农民的尊重，明朝重农轻商可见一斑。“法令不久就失去作用，因为不仅退职官僚和在野的知识分子戴笠子的已不少，还有退职闲居官僚的行乐图，也以扮成农夫、渔民为乐。”① 由于笠子遮风蔽日，明代官商庶民都乐于戴，所以，在元式遮檐笠子帽的基础上，明代笠帽样式多种多样。

1957 年华阳桂溪乡砖瓦厂明墓出土陶俑（图 15），头戴圆顶披风帽，身着圆领卷袖衣，紫色釉双腿裹布系带，脚着草编鞋，脸颜喜笑，头向左，右手曲举，左手持束腰带，立于八方形座。

1955 年成都白马寺 6 号墓（明典服正魏存敬墓）出土瓷俑（图 16）。模塑，着浅蓝、蓝二釉，面颈手无釉。穿右衽大领袍，右手下垂，左手曲肘握拳，束腰带立于台座。头戴钹笠帽。钹笠帽定型于宋代，流行于元

① 沈从文：《中国古代服饰研究》，上海书店出版社 2017 年版，第 542 页。

代，现存元代墓葬壁画、墓葬随葬陶俑及书画中的元人形象遗存，所见头戴钹笠帽的元人形象最为常见。明代成为重要的正装首服，上至天子下至庶民都可以使用。

图 15

图 16

1975 年成都北门外八里庄明墓出土明代戴范阳笠帽陶俑（图 17），“范阳笠”是由五代十国普通有檐帽演变而成的军帽，宋代始称“范阳笠”，是明代士兵训练戎装的配帽。范阳笠帽可以起到遮阳和标识身份的功能，同时能有效防御敌军抛射的箭矢。

“冠”从字的本意来说是一个泛称。东汉许慎《说文解字》定义：“冠，卷束”，是用来卷束头发的饰物。随着时代的演进，冠逐渐还成为身份和地位的象征，戴冠成为古代上层男子的特权，冠制随之产生。冕冠制度秦汉时期已经成熟，后世历朝历代又有继承和发展。明代在沿袭参照汉、唐、宋代梁冠的基础上，又对冠服制度作了大的调整。按规定文武官员在重要节礼时要戴梁冠，以冠上梁数辨别等级，其制有一梁至八梁不等。

明代银釉陶俑，红陶，模制，中空，坐像，双手作拱状，着绿釉。俑风化严重，但是，俑头戴帽冠上横脊明显（图 18）。

图 17

图 18

二、身服

明代服饰恢复了传统汉服特色，以袍、衫为尚。职官礼服承古制，用冠冕衣裳。庶民便服主要有袍、裙、短衣、罩甲等。

1956 年在新都城西蛾蛾坟发掘出土了一批丝织品、棉和麻织品。据考古简报介绍："因墓中未发现墓志和其他文字材料，故无法得出绝对确切的结论来，但是，根据墓外的一些材料推断，这是一座明墓。"这批纺织品由于当时保存条件所限，出土后即长期封箱存放。

为配合第一次可移动文物普查，四川博物院对老馆因历史原因封存的文物进行开箱整理。这批明代墓葬出土的服饰和纺织品终于又见天日。经整理，这批纺织品共一百多件，其中服饰五十多件，服饰样式也符合明代服装的特点。

墓中所出的服饰分为衣裳连属的长衣类和上衣下裳的襦、袄、裙等。

（一）衣裳连属类

禅衣、襜褕、袍、衫在形制上都属于衣裳连属类。这是男女通用的一种普遍形式。

禅衣又叫“单衣”，是没有衣里之衣。可以用各种材料裁制，根据衣料的不同，单衣可作为内衣或者外衣穿用。

白色交领麻单衣，衣长127厘米，领口25厘米，袖长71厘米，袖口宽26厘米。交领、右衽、直裾、长袖（图19）。

图19

黄绸交领单衣，衣长126厘米，领口42厘米，袖长75厘米，袖宽30厘米。交领、右衽、直裾、长袖（图20）。

云纹黄绸交领单衣，衣长132厘米，领口22厘米，袖长77厘米，袖宽37厘米。右衽、直裾、长袖（图21）。

万字纹黄绸交领袍，衣长125厘米，领口23厘米，袖长74厘米，袖口40厘米。右衽、直裾、长袖。袍是属于长衣类并有夹层的一种服装（图22）。

图 20

图 21

图 22

（二）上衣下裳类

衣：包括襦、袄、马褂、半臂、背心等。

襦是一种短衣，一般下摆位于腰至膝盖之间。有单襦、夹襦和棉襦之分。

黄绸对襟夹襦，直领，黑绸缘边，衣长 91 厘米，领口 12 厘米，袖长 34 厘米，袖口 37 厘米（图 23）。

图 23

袄，也叫“短袄”，是一种短衣。最初多作内衣，内缀衬里的称“夹袄”，在其中纳以棉絮做成寒衣的称“棉袄”。

黑绸交领夹袄，衣长 92.5 厘米，领口 18.5 厘米，袖长 71 厘米，袖宽 37.5 厘米。右衽、直裾、长袖（图 24）。

黄绸交领棉袄，衣长 82.5 厘米，领宽 16.5 厘米，袖长 70 厘米，袖宽 27.5 厘米。右衽、直裾、长袖（图 25）。

半臂是一种短袖上衣，是由汉魏的半袖发展而来。半臂款式多采用对襟，衣式短小，长及腰际，两袖宽大而平直，长不及肘。穿着时，既可以罩短襦之外，也可以穿在内，外面罩襦袄、袍、衫（图 26）。

卍字纹黑绸直领对襟半臂，长 94 厘米，领宽 11.5 厘米，袖长 21 厘米，袖宽 39 厘米。对襟、阔袖、半袖，褐色丝绸内衬，褐绸缘边。

图 24

图 25

图 26

图 27

裳，又称“下裳”。最早的裳是专指来自远古的围裳，后来发展出裙和裤后，指代一切在下体穿着的衣服，穿着时与上衣配套。

蓝色布裙（图 27），通长 80 厘米，裙摆 119 厘米，腰宽 43.5 厘米。多幅折裙，白布镶腰。此式为明末清初十分流行的百褶裙。

素绢折褶裙（图 28），通长 80 厘米，摆宽 149 厘米，腰宽 50 厘米。多幅折褶，白布镶腰。下摆浅色绢缘边。

膝裤源自商周时期的“胫衣”。穿时套在两胫之上，上达于膝，下及于踝，用绳带系缚固定。

蓝布膝裤（图 29），白布衬里，上围白布镶边，以窄带为系，下围赭色绸缘边。长 30.8 厘米，腿阔 18.5 厘米。

提花缎面膝裤（图 30），棉纱布衬里，夹棉。上围白纱布镶边，以窄带为系。长 32 厘米，腿阔 18.5 厘米。

图 28

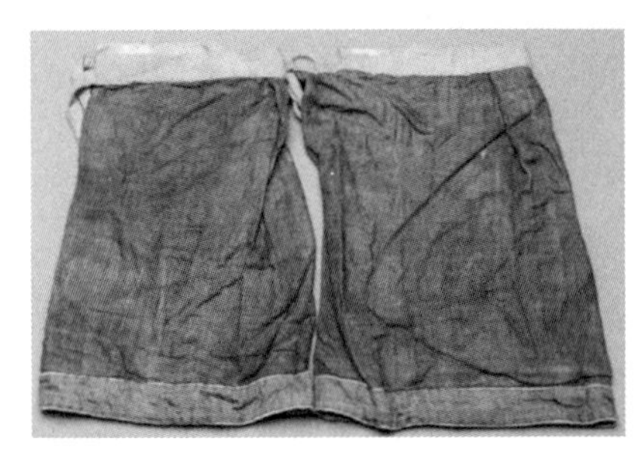

图 29

图 30

合裆之裤从汉代开始正式名为“裤”并逐渐普及。明代裤的种类也很多，单层的，称“单袴”，双层或多层的，称“夹袴”“复袴”。复袴中纳棉絮，称为“棉袴”。

蓝布裤（图 31），袴管宽大，腰侧窄带为系。腰宽 52. 5 厘米，裤长 84. 5 厘米。

黄绸裤（图 32），白布镶腰，袴管宽大。腰宽 44 厘米，裤长 78 厘米。

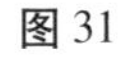
图 31

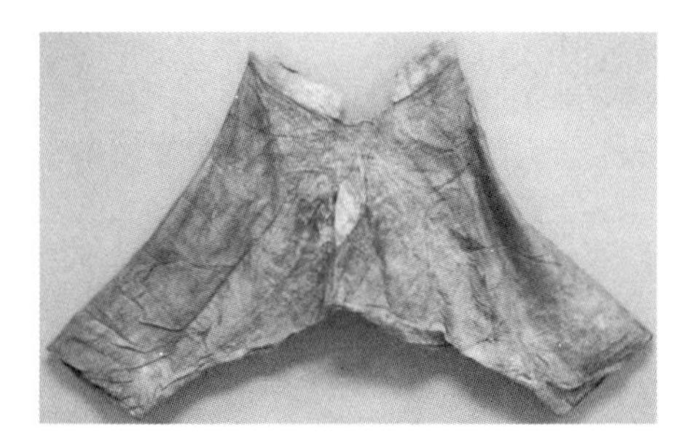

图 32

三、足服

足上所着之物，如故称屦、履、舄、屐、屩、靴等都统称足服。唐以后，“鞋”才成为各种鞋履的通称，这种称法一直延续到现在。

绣花布鞋（图 33），翘头、后高帮。通长 21 厘米，底厚 2. 5 厘米。

黄绸面布鞋（图 34），翘头、后高帮。通长 20 厘米，底厚 1 厘米。

黑布靴（图 35），靴长 43 厘米，底厚 3 厘米。

黄绸布里袜子（图 36），通长 53 厘米，筒宽 28 厘米。

长筒棉袜（图 37），通长 53 厘米，筒宽 24 厘米。

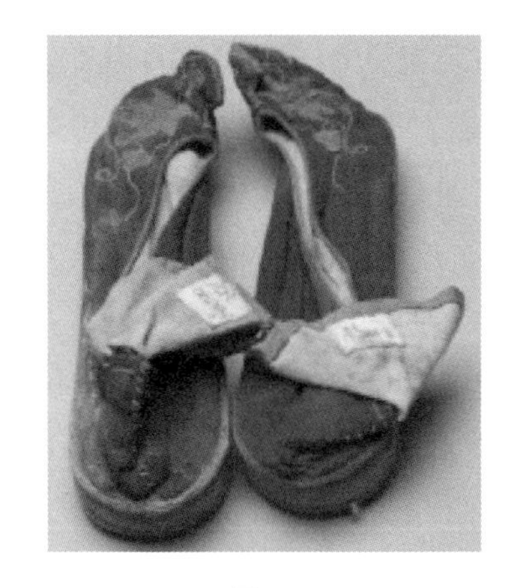

图 33

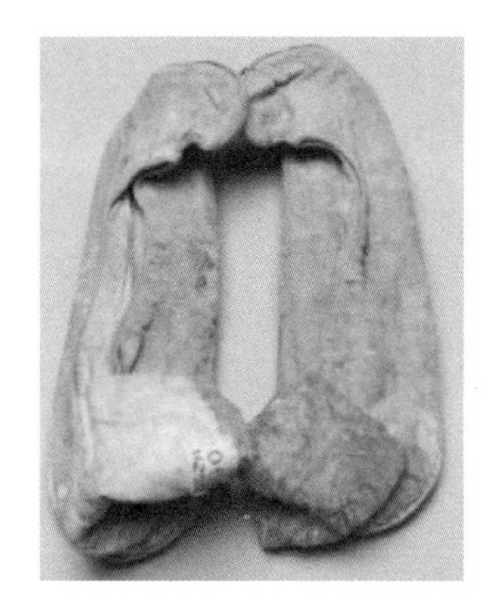

图 34

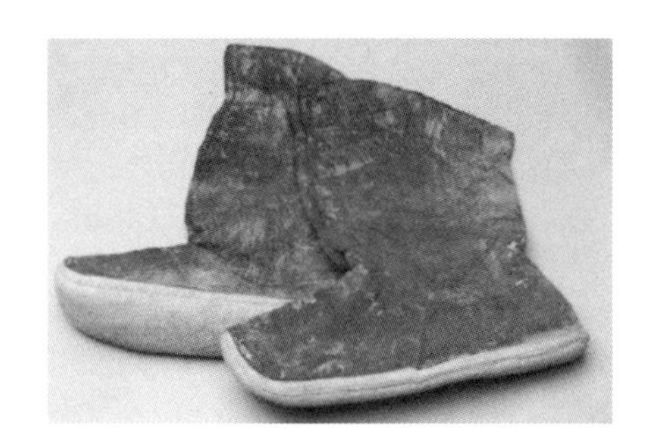

图 35

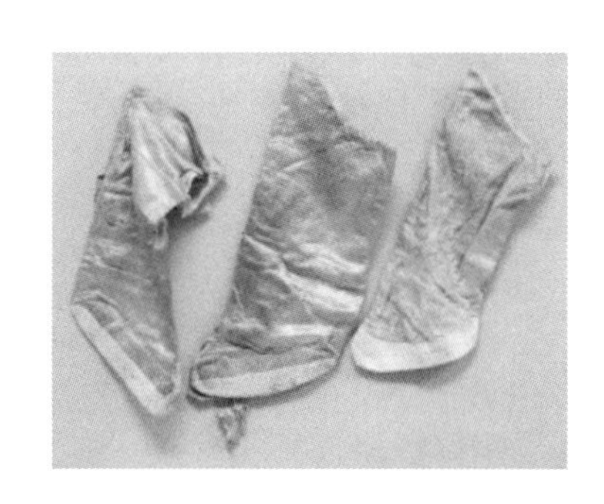

图 36

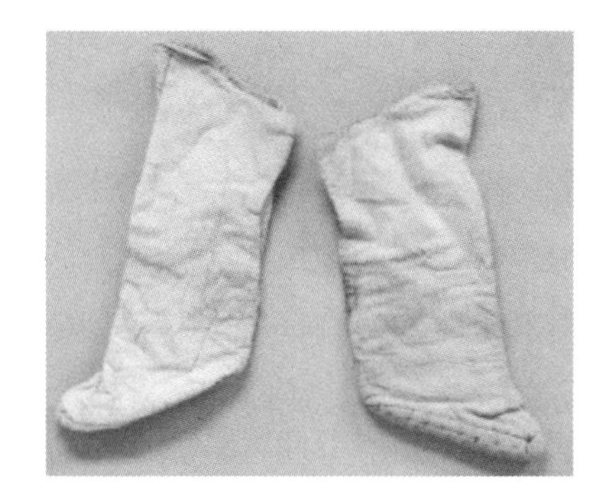

图 37

蛾蛾坟墓主为女性，所以，随葬的皆为女式服装。从颜色上看只蓝、黑、褐三色。因为多为日常起居服装，所以服饰风格以朴素、方便、舒适、简单为主。

明代服饰承袭唐宋服制的样式，又有自己的时代特点，在审美上始终依据着装人的得体性，在结构上依据方便实用的方式变化。每一次变化，都形成新的流行风格样式，很多明代流行的服饰对后世有着深远的影响。

清代甲胄的装饰形制及其文化特征

唐　天　王雅玲*

在中国璀璨的文化遗产中有一项鲜为人知的珍贵瑰宝，这就是中国古代军戎服饰。用于军事作战时的防护装备，通常称为甲胄，其体现出历代的战争、技术、军队建设以及武官制度的发展演变。甲胄是一门涉及政治、军事、工艺、服饰、美术等诸多领域的实物，也是研究古代科学技术、工艺技能、传统美术的极好选题。在西方，甲胄被誉为“男士最高尚的服饰”，具有重要的文化符号作用。中国自古是武学发达的国家，我国甲胄历史悠久、种类丰富、工艺精美、文化丰厚，在世界古代军事甲胄史上独树一帜。

在中国历代甲胄史上，清代甲胄最为华贵精美，堪称甲中极品。清王朝由骑射成俗、创制八旗军事制度的满族建立，其先民满洲女真族是一个全民皆兵的民族。清朝以骑射开国、以武功定天下，直至民国建立，“旗籍”对每一个满族男子而言，等同于“军籍”，满族家庭也多有祖传的甲胄和兵器。清历代皇帝在位期间，皆命尚坊打造奢豪的皇家刀剑甲胄，以示不忘弓马传家的祖制。正是这种崇尚勇武之风的盛行使清朝成为我国甲胄兵器传世最多、图像史料最为翔实的朝代。清代甲胄的历史地位、艺术特征和文化交融特性使其具有重要的研究价值。

---

* 作者单位：北京服装学院。

一、清代甲胄形制的演变与发展

清代甲胄在中国历代甲胄中最为华贵精美，在古代甲胄遗存中也是最为丰富的。故宫所藏的清宫甲胄制式丰富、工艺精湛、图纹华美，彰显了清代甲胄在中国古代甲胄史中堪称最为华贵之物的地位，并最终演绎为礼仪服装。不仅故宫博物院保存有诸多完好精美的清宫皇家盔甲，还有一些甲胄收藏于民间乃至境外，为研究清代甲胄的发展变化提供了依据，能够证实清代甲胄是在保持元代蒙古甲胄传统又吸取宋明汉式甲胄基础之上的创新，便于骑射是其最突出特点（图 1）。

图 1　美国大都会博物馆馆藏清代盔甲

清初的甲胄借鉴于明朝甲胄，其原因之一在于清代建立初期，王朝根基不稳且工艺与经济发展皆需提升。明代的甲胄品类据史料记载颇为丰富，其盔甲军服一部分继承于唐宋，体现了中原地区汉民族的统治特征，同时也沿用了较为轻便实用的元代布面甲，使布面甲在这一朝代得到传承和发展。清朝汲取了金代的教训而不改易本民族服饰，其盔甲戎服既具有鲜明的骑射民族特征、形制较为统一，也汲取了明代服饰制式，使得布面甲能够延续到清代。

据《大清会典》记载，清代的甲胄包含明甲、暗甲、铁甲（锁子甲）、棉甲等，其中前三者皆为带有甲片的铠甲，而棉甲即布面甲。布面甲自元代以后开始流行，在明清两朝时期得到了广泛的应用发展，尤其在清王朝统治期间成为主要使用的甲胄制式，其最外层为锦缎布料，在内里钉上铁甲叶片，有些则没有。明甲、暗甲的区分就在于甲片的位置——布料内层钉缀甲片的甲胄称作暗甲，反之钉于布料之外层则称明甲。无铁片的布面甲即棉甲，在明代之后的相当长的时间内得到广泛的应用，一直到清朝末年洋务运动之后，才渐渐消失在人们视野中。

图2　清太祖努尔哈赤红闪缎面铁叶盔甲

在此以清代各时期宫廷甲胄为例重点讲述其制式特征。由乾隆复制的清初期太祖努尔哈赤的长袍式样御用甲明显沿袭了明朝汉制甲的风格，形制较为简洁，强调其实用功能。盔为钢制，袍甲上下一体，其上等距遍布银钉，蓝缎缘；里子为古铜色粗布，其上固定层叠排列的钢片；两袖外侧以细长的镀金钢片连缀接成（图2）。

清太宗皇太极御用甲已演变为上衣下裳式，该甲以蓝缎为底，结构更加复杂，装饰华丽，绣有龙、云、火珠、暗八仙、海水江崖等图案；上衣布有等距银钉，蓝缎缘，里子上固定层叠排列的钢片；下裳纵向等距离排列五重钢片；同时配有左右护腋，左、前有遮缝各一，均外镶银钉，内附钢片。便于骑射之需，驰骋战场时有利于活动自如地与敌方展开近战拼杀（图3）。

满族入关后至清中期，战事渐少，世态较为安宁，在服饰上逐步摆脱八旗制度下服饰军事化的局限，向封建化的等级服饰过渡。故这时期的清代盔甲，上至皇帝，下至帝王随侍、骁骑校、前锋、护军所用多为棉质甲胄，最初的功能已趋消失，装饰性日强，注重外观的华美精致，甲胄逐渐成为礼仪之服，布面甲已然完全地成为一种象征，追求工艺美、装饰美。譬如顺治、康熙、乾隆等帝的御用甲多采用无钢片制作，分量明显减轻，加入钢叶式样亦以装饰为主，已无抵御之功，基本是为大阅演兵而穿用（图4）。

图3　清太宗皇太极蓝缎面绣龙铁叶盔甲

图4　乾隆大阅画像

顺治锁子锦盔甲为清世祖顺治帝御用。盔为铁制，盔上饰四道金梁，镂金累丝龙纹和如意云纹，金累丝上嵌饰各种珊瑚珠、青金石、绿松石、螺钿珠等。甲为上衣下裳式，蓝底锁子纹锦，缀铜镀金圆钉，上衣胸前有圆形护心镜，镂金云龙纹饰，左右护肩和腕部镂饰金累丝云龙纹和八宝吉祥图纹并镶嵌珊瑚珠、珍珠青金石等（图5）。

清代甲胄的形制及纹饰是在明朝的基础上融入满族服饰特点与元素，紧身窄袖并且适应骑射。这样的适用于马背上行动的改良，为的是敬谨遵循先祖之意，以求其不忘马背上民族的根本。除此之外，《中国纹样史》中提到清朝时期颇为流行"吉祥图案"，形成"图必有意，意必吉祥"这一汉文化装饰特色，同样也在清代宫廷甲胄上有所体现。譬如康熙明黄缎绣彩云金龙纹锦大阅甲，此大阅甲为圣祖仁皇帝康熙检阅八旗军队时穿用的盔甲。甲衣为上衣下裳式，有护肩、两袖、侧挡、下裳等，穿时各部分由铜鎏金扣袢连接（图6、图7）。

图 5　顺治锁子锦盔甲

图 6　康熙明黄缎绣彩云金龙纹锦大阅甲

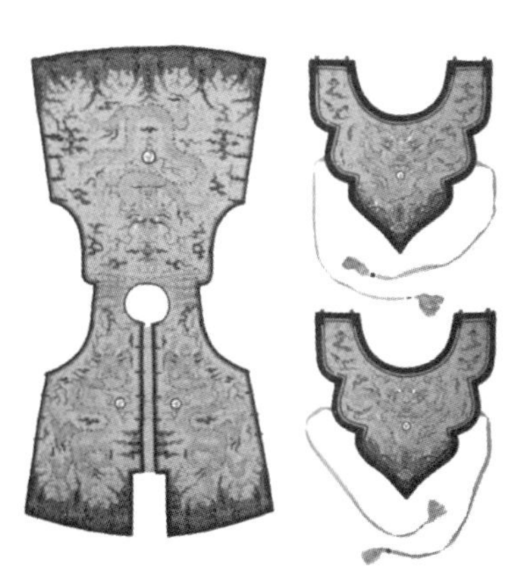

图 7　康熙明黄色缎绣彩云金龙纹锦大阅甲组件

此套甲衣绣工极为精美，运用四色间晕法和平针、套针、平金等针法，在明黄缎地上绣彩云金龙、海水江崖及杂宝纹，纹样具有浮雕般的立体图装饰效果，彰显皇帝的至尊与威严。特别之处还在于头盔上有三层嵌金梵文咒语，用艺术化的天城体梵文书写，中间饰有珍珠宝幔，有祈福之意。

图 8　乾隆金银珠云龙纹甲

至清中期，宫廷甲胄的制式工艺则更为精湛。此金银珠云龙纹甲胄为清高宗乾隆帝御用。甲胄由乾隆亲自督造，多次修改，于乾隆二十六年完成，是乾隆的心仪之物。头盔为牛皮胎髹黑漆，镶以金、珠，以龙纹为饰。盔上镶刻金底梵文，表明皇帝信仰佛教。盔的护颈、护耳、护项皆饰有龙纹。甲衣为上衣下裳式，甲面用 60 万个钢甲片连缀而成，表面由金、银、铜、黑四色圆珠组成云龙纹，图纹生动，装饰独特（图 8）。

康熙明黄缎棉甲为康熙帝演武操练时所穿，圆领、对襟、马蹄袖，两侧有护肩及护腋，中置前挡，以铜鎏金錾花扣相连，有一定的实用性。甲面柔软平滑，在镶边处细细装饰，束身窄袖的装饰风格，既体现了满族服饰特色，亦表现出清代骑射尚武的精神（图 9）。

图 9　康熙明黄缎棉甲

在清朝末年，由于火器的兴盛，这类布面甲几乎不再成为战争的护具。在清末军队图片史料中难以寻得清军实战或演练时着布面甲的痕迹，清代甲胄留存影像寥寥可数，且汉化特征趋于明显。如摄于1902年的清末著名湘军首领苏元春戎装侧身像（图10）。

图10　苏元春戎装侧身像

由此可见，清代甲胄制式的发展顺应着由清朝初期的征战，到清中后期的社会疆域稳定、内外忧患渐平，最终封建王朝走向衰落的历程。因此，笔者梳理出一条囊括了各时期清代甲胄主要特征的演变图谱（图11）。

图11　清代甲胄形制的演变发展图谱

二、清代甲胄与民族文化交融

清王朝是中国最后一个由少数民族统治的封建王朝，同时也是一部近三百年的民族融合史，其文化交融以服饰的变化最为突出，这一史实在与争战、礼仪密切相关的清代甲胄中也有所体现。因此，探索清代主流甲胄在这一时期的发展和变化，可以见证作为文化遗产的服饰所能承载的历史事件和制式特征。

在左之涛《晚清满汉势力的消长及其原因探析》一书中，详细阐述了当时发生的满、汉两族矛盾的缓和与激化，解释了清王朝中期随着两族融合的进展，满、汉文化呈现出一种日益和谐的趋势，但进入晚清后，满族王朝的衰弱及汉族势力的崛起又使满汉矛盾呈现激化，故而有“满汉消长”一说。而许倬云《万古江河》一书中曾提及“嘉庆、道光两朝，国力捉襟见肘……清军八旗已不再有作战能力，川楚之乱时以绿营为官军主力。这一现象，实是清代后期满汉消长的关键”。

满汉消长，即在漫长的清朝历史中满、汉两族的势力经历了此消彼长的不断变化。清王朝各时期出现的工艺摆件、衣着服饰、生活习俗中无不或鲜明或细微地体现着满、汉文化的交融消长，这一特点也体现在清始至末的甲胄制式发展之中。

（一）清代甲胄中的重要满族元素特征

无领、箭袖、左衽、四开衩、束腰是清初衣袍的主要特点。满族传统服饰“缨帽箭衣”中的“箭”是指满人传统褂袍的袖口装有的箭袖。箭袖形状类似于马蹄，因此也称为“马蹄袖”（图 12）。

图 12　清初皇帝吉服袍

《大清会典》中规定了这种体现满族风俗的服装形制，其中严格规定皇帝和皇后的朝袍、吉服袍、常服、行服以及主公、文武官员的礼服一律带箭袖。以箭袖袍为礼服，使用于公务、礼仪场合，会客必须穿带箭袖的袍子，这在当时被视为恭谨守礼的文明风范。箭袖的设计初衷是在狩猎时保护双手并保暖，努尔哈赤与皇太极的甲胄中已有此特征，入关后随着袍服作用的演变，除锁子甲之外的棉甲或铁叶甲均为箭袖。箭袖形制得以在全国推广，是因其象征意义已远大于功能性了。这一服饰制度保持到清末，后受汉族文化影响在常服中开始流行直筒袖，但在军戎服饰中一直到清朝末年都不曾改变，由下图中乾隆织金缎卍字铜钉棉盔甲与清末镶白旗清军甲胄的对比可见（图 13、图 14）。

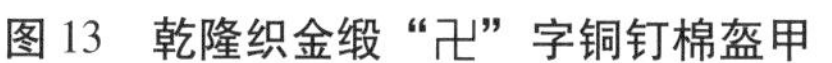
图 13　乾隆织金缎“卍”字铜钉棉盔甲

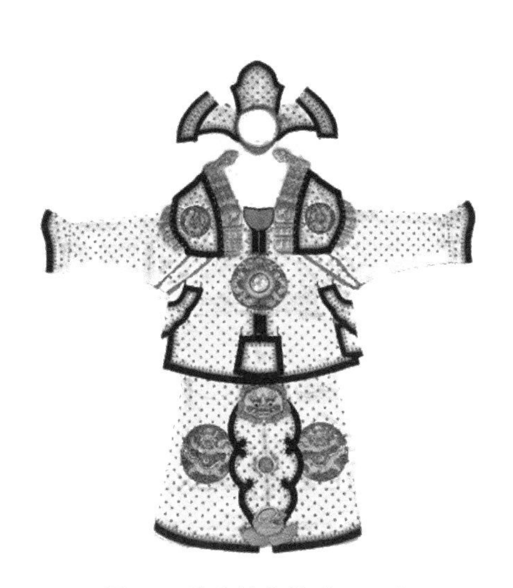

图 14　清末镶白旗清军甲胄

（二）清代甲胄中的重要汉族元素特征

鹘尾叶，即古代甲衣腿裙边缘的叶片，形似汉族服饰中的蔽膝，早在唐朝就已经存在，有时遮蔽在腿裙之前，有时在背后，更有时前后均佩有鹘尾叶。《宋史 · 兵志十一》记载：“绍兴四年，军器所言：‘得旨，依御降式造甲。缘甲之式有四等，甲叶千八百二十五，表里磨锃……又腿裙鹘尾叶六百七十九，每叶重四钱五分。’”其中特别解释了此类宋甲用 697 片铁叶组成了鹘尾叶部分。

明朝甲胄的腹甲之下、两腿之间，大多垂吊一条宽而长的倒三角形鹘尾甲件，多制为鱼形，所以形象地称为“吊鱼”，这种鹘尾是汉族制式甲胄特有的。后来吊鱼又被国粹京剧应用到舞台服饰上，并被艺术性地夸张作大，成为道具甲胄格外引人注目的一个部件。清朝末年的甲胄中大多出现了鹘尾叶形制，在1911年12月15日的法国杂志*Je Sais Tout*上绘有中国官兵图，其中清代军官盔甲上的鹘尾叶清晰可见。此外，刊登在该刊物上被标榜为“中国改革者”的袁世凯的戎装照也穿戴了鹘尾叶，可见当时甲胄的整体制式已非常汉化（图15、图16）。

图15 法国杂志图绘清代军官盔甲上的鹘尾叶

图16 袁世凯戎装像

（三）清代甲胄中的纹饰特征

满族入关、接触中原文化之后，除了保留了一些萨满教习俗之外，受中原汉族民俗信仰影响最大。由于清代甲胄服饰制度的原因，服饰图案上清晰体现了分明的等级，帝皇的甲胄上常饰有大量的龙图案，而军官的甲胄上则常常有蟒图案。不同于其他朝代，受清皇室的喜好及宗教信仰的影响，清代甲胄中融入了藏传佛教的元素以及象征吉祥的汉族纹饰，在保持本民族衣冠式样的同时借鉴汉族纹饰"润色章身"的原则，既注重纹样的形式美，也注重纹样的意义美。

清代宫廷甲胄装饰的显著特点是皆用五彩丝线绣饰龙纹，并饰有祥云、海水江崖、如意、寿石、方胜、古钱、灵芝、珊瑚、方戟等吉祥图案，形成了这一时期的装饰特色，如康熙石青缎绣彩云蓝龙棉甲，既显示出穿着者的至尊与威严，又具有极强的装饰性。这些源自汉文化的吉祥图纹，"图必有意，意必吉祥"，作为清代甲胄服装的主题装饰，是满汉文化交融的产物。

自康熙一朝开始，除各吉祥纹饰外，帝皇的御用头盔中便开始出现与其佛教信仰相关的标志——梵文及莲花纹。康熙锁子锦金叶盔甲"盔为牛皮制成，髹黑漆，漆面饰金璎珞、金狮头并梵文"。

在故宫博物院馆藏中，对乾隆的大阅胄头盔有更详尽的叙述："乾隆皇帝大阅甲胄胄体有镀金梵文三重计 44 字，间金璎络纹。"据《清内务府档案》载，胄镌梵文意为"心咒诅念观世音菩萨"（图 17、图 18）。

图 17　乾隆大阅胄头盔所镌梵文

清代甲胄纹样可以看作民族文化交融的产物，是对已有传统图纹做了稍许改变。在纹样上，吸收了明代纹样的基调，色彩层次鲜明、构成生动、样式丰富、造型华美，呈现出清代特有的装饰文化特色。如康熙石青缎绣彩云蓝龙棉甲，此甲为康熙御用，系清早期甲胄的代表作。甲衣以石青缎为面料，以苏绣龙纹祥云为饰，并绣有海水江崖、如意、寿石、方胜、古钱、灵芝、珊瑚、方戟等吉祥图纹，既显示出穿着者的至尊与威严，又具有极强的装饰性（图19）。

图18　乾隆大阅胄头盔

图19　康熙石青缎绣彩云蓝龙棉甲

乾隆大阅甲胄，甲衣为上衣下裳式，有护肩、两袖、侧挡、下裳等，穿着时各部分由铜鎏金扣袢连接。甲衣与头盔绣工极为精美，运用四色间晕法和平针、套针、平金等针法，在明黄缎地上绣彩云金龙、海水江崖及杂宝纹，纹样具有浮雕般的立体装饰效果，彰显皇帝的至尊与威严。特别之处还在于头盔上有三层嵌金梵文咒语，用艺术化的天城体梵文书写，中间饰有珍珠宝幔，有祈福之意（图20）。

由此可见，这些源自汉文化的吉祥图纹，不仅成为清代甲胄服装的主题装饰，亦成为满族的民族信仰并广泛流传于清代宫廷和民间，彰显了满、汉之间的文化交融。

在中原的传统信仰中，进入阶级社会以后龙成为代表权势和等级的符号。龙袍成为天子的象征，代表皇室富贵与权力的符号之时，其面貌也转而变得威严、富丽堂皇起来。在皇帝的龙袍上，团龙图案用于袍服的前胸、后背，以此表现“真龙天子”至高无上的地位。而在清朝宫廷甲胄纹样中，主要有正龙、行龙、团龙、海水龙等纹样造型，其韵律、动感将帝王的威严与至高无上的权力展现得淋漓尽致（图 21）。

图 20　乾隆大阅甲胄及绣金龙前挡

图 21　康熙明黄缎绣彩云金龙纹锦大阅甲衣

清朝传承、延续、提升了历朝历代的服饰文化，也为吉祥图案发展提供了明显的时代特色。宫廷服饰纹样主要有福、禄、寿、禧四类象征吉祥寓意的纹样，运用以汉语谐音为主的寓意方法构成的吉祥图案，如五福捧寿是汉族流传极广的吉祥纹样，利用“蝠”与“福”谐音代表“福”，故历来被视为吉祥物而广泛用于人们的装饰上。此类还有磬与庆、金鱼与金玉寓意“金玉满堂”等。而云纹作为经典装饰，一般是由两个对称的内旋勾卷形和一条圆润流畅的弧形曲线连接而成，有左右对称、相对而立的形式结构。如意云纹在清朝服饰的装饰艺术中的运用空前盛行。这些具有吉祥意义的图案形式也运用到清代甲胄装饰之中，造就了清代甲胄图案纹样丰富多彩的形式与内涵（图 22）。

图 22　康熙石青缎绣彩云蓝龙棉甲衣

三、结语

基于清代甲胄对史实的印证，研究清王朝的历史文化与社会发展，除已有文献的记载，还需将研究视角聚焦于甲胄这一珍贵历史文物。清王朝时期满汉民族之间在政治上、文化上的相互交融，不仅体现在衣着服饰、生活习俗方面，亦体现在清始至末的甲胄制式发展中，这是应该关注的。清代甲胄经历了重轻型盔甲的交替，功能上经历了由实用性向仪式性的转移，甲胄形制特点涉及满汉消长的循环，并对应当时冷热兵器的转型。满族作为东北边疆少数民族，其特殊的生活方式、生产行为、所处自然环境以及政治、经济、文化等相关因素致其形成了特有的骑射文明，该文明在之后成为满族入关并建立清朝统治的必要助力。十六世纪至十九世纪末，清王朝作为罕有的少数民族统治王朝，在中国历史上占有重要地位。再者，研究清代甲胄中满汉文化的交汇融合，可以为中国时尚设计带来更有文化深度、更能触动人心的灵感来源。

土家族织锦的发展演变及其现代启示

黄柏权*

土家族织锦，土家语称为“西兰卡普”，汉语意为“打花铺盖”或“土花铺盖”，是土家族民间工艺品中最具特色的品种之一，属于中国少数民族四大织锦之列。据资料记载，土家织锦有悠久的历史，在数千年的历史进程中，西兰卡普随时代的进步不断发生流变。今天，土家织锦与传统织锦相比已经发生了很大的变化。因此，探讨土家织锦发展变迁的过程，对认识民族民间工艺在现代社会的处境，寻求保护对策具有深刻的启示作用。

一、土家族织锦的发展演变历程

（一）土家先民纺织历程

土家族是一个历史悠久的民族。据学者研究，土家族是以巴人为主体，在融合了其他许多族类以后形成的一个族群。因此，探讨土家族的织锦至少要从巴人时代开始。据《华阳国志·巴志》记载：“禹会诸侯于会稽，执玉帛者万国，巴蜀往焉。”可见，4000 多年前的夏代，巴蜀地区的纺织业就有了较高水平，帛就成为进贡的物品。西周时，中原地区纺织业有了专门的分工，《诗·小雅·巷伯》说：“萋兮斐兮，成是贝锦。”《毛

* 作者单位：三峡大学武陵民族研究院。

传》说："贝锦，锦文也。"当时织锦是人们喜爱的奢侈品。这时巴人的纺织业也有了发展。《华阳国志·巴志》记道："武王既克殷，以其宗姬封于巴，爵之以子"，其地"土植五谷，牲具六畜，蚕桑、麻宁……皆纳贡之"。巴人在其居住的地方种桑、养蚕、织布，过着自给自足的田园牧歌式的生活。

公元前316年秦灭巴以后，巴人的一部分流入武陵山，与当地族类融合，形成"武陵蛮""五溪蛮""巴郡南郡蛮"。这些被称为"蛮"的族群的一部分成为后来土家族的先民。在族群流动中，巴人的纺织技术仍然在武陵大山中流传下来。《后汉书·南蛮西南夷列传》记载："秦昭王使白起伐楚，略取蛮夷，始置黔中郡。汉兴，改为武陵，岁令大人输布一匹，小口二丈，是谓賨布。"《晋中兴书》《晋书》也有"巴人呼赋为賨"的记载。《华阳国志·巴志》也记"户出賨钱，口四十"。《辞海》解释说："賨，秦汉间今四川、湖南一带少数民族交纳的贡税名称，交的钱币叫賨钱，交的布匹叫賨布，这一部分发民族也因此叫賨人。""賨布"也称"幏布"。《后汉书·南蛮西南夷列传》说："及秦惠王并巴中，以巴氏为蛮夷君长，世尚秦女，……其民户出幏布八丈二尺。"《玉篇》释"幏"为蛮布；许慎《说文解字》在解释"幏"时说："南郡蛮夷布也。"賨人是巴人的一支，两晋时期还活动在川东、湘西一带，后来一部分融合在土家族中。秦汉时期，封建王朝令賨人以"賨布"纳赋税，足见当时织锦业的普遍，且工艺水平之高。

隋唐时期，南方少数民族地区的纺织技术有了发展，《隋书》记："诸蛮……以班布为饰。"直至宋代，以锦代赋的纳税制度仍然承袭下来，《宋史·真宗本纪》载：大中祥符五年（1012），"峒酋田仕琼等贡溪布"。《宋史·哲宗本纪》也记：元祐四年（1089），"溪洞彭儒武等进溪洞布"。《宋史·蛮夷》载："元祐……四年，知誓下静州彭儒武、知永顺州彭儒同、知谓州彭思聪、知龙赐州彭允宗、知蓝州彭士明、知吉州彭儒崇，各其州押副使进奉兴龙节及冬至。正旦溪布有差。""七年（1171）……其蛮酋岁贡溪布。"这种"溪布"，又称"峒布"。南宋朱辅《溪蛮丛笑》释"溪布"时说："绩五色线为之，文彩斑斓可观，俗用为被或衣裙，或作巾，故称为峒布。”虽然我们无法判定“溪布”是否与“賨布”有继承关系，但作为贡品的“溪布”其质量应该属于上乘，是一种工艺水平很高的手工艺品。历史上积淀下来的纺织技术为后面西兰卡普编织技术的发展奠定了基础。

（二）土家族织锦的成熟定型

明清时期是土家族地区土司制度更为完备和巩固时期，这一时期，土家织锦工艺已经成熟。《大明一统志》：“土民喜五色斑布。”这里称的“土民”就是后来的土家族。明朝中叶，彭士麒所撰的《永顺宣慰司志》也称，土人“喜斑斓服色。”乾隆《永顺府志·物产志》说：“斑布，即土锦。”还记：“土妇颇善纺织，布用麻，工与汉人等。土锦或丝经棉纬，一手织纬，一手挑花，遂成五色。”嘉庆《龙山县志》也记：“土妇善织锦、裙、被，或经纬皆丝，或丝经棉纬，挑制花纹，斑烂五色。”这种以丝线为经绒，以棉线为纬绒，采用通经断纬，反面挑花，织成五色锦被的方法就是成熟的土家织锦工艺。光绪《龙山县志·风俗》卷十一记载得更为详尽：“土苗妇女善织锦裙、被，或丝线为之，或间纬以棉，纹陆离有古致。其丝并家出，树桑饲蚕皆有术。又织土布、土绢，皆细致可观。机床低小，布绢幅阔不逾尺。”这里不仅记载了土锦的编织方法，还记载了丝的来源、织机的样式和织锦的尺寸、花纹图案等情况。这些记载和我们今天所见的土家织锦的原材料织机的样式、编织方法和织锦的花纹图案、尺寸大小完全一样。因此可以肯定，明清时期，西兰卡普编织工艺已经成熟定型。

这一时期的织锦是自给自足经济的产物，织锦用途是做衣裙和被盖，以用着被盖为多，被盖分为平时睡觉的“被盖”（即打花被盖）和娃被盖。睡觉的被盖用“幅不逾尺”的三幅织锦连缀而成，四周用土布缝边；娃被盖则为一米多宽，同样用土布缝边，用于遮盖小孩。当时的织锦完全是自产自销，用于自用和姑娘出嫁的陪嫁。由于从种桑、种棉到缫丝、纺线、精心编织，都出自土家妇女之手，产量很小，所以也保持了传统工艺的原生形态。

（三）土家族织锦的第一个兴盛期

改土归流后，土家族织锦业有了新的发展，出现了“女勤于织，户多机声”的局面。特别是近代海禁开放后，织锦也逐渐成为外销的商品，从而刺激了土家织锦业的发展。在织锦之乡龙山洗车河流域，织锦成为交易的大宗产品之一，在洗车镇、靛房镇、猫儿滩镇、隆头集镇，每逢场期，都有专门交易织锦的行，五彩斑斓的织锦摆成一条长街。据当地老人回忆，一个场期上市的织锦达数百件，成交上百件。织锦交易市场的形成，促使了织锦业成为洗车河一带的家庭副业。据猫儿滩镇叶仙谷老人说，土家锦除在本地销售外，还远销沅陵、常德、汉口，以至海外。据估计，仅猫儿滩镇，年销售额达20000多元，其中本地销售约10000余元，外销8000～10000余元[①]。当时的织锦主要是服饰、被盖，也有荷包、枕套、帐帘等。这种繁盛局面从清末开始一直维持到抗战胜利后。

这一时期土家织锦走出了发展史上至关重要的一步，从自产自销的手工艺品成为进入市场交易的商品。促进这一变化的根本原因是鸦片战争后对外贸易的发展。鸦片战争后侵略势力从沿海深入内地，土家族聚居的武陵大山丰富的资源逐渐成为国内外商人争相抢购的对象，如桐油、五倍子、生漆、茶油、土碱、药材等山货被嗅觉敏感的商人看中，于是在酉水流域很快兴起了一批码头镇。外地商人在收购山货时，也看中了土家人传统工艺织锦、竹编等。洗车河由于直通酉水，酉水又连接沅水、长江，便利的水运，使洗车河很快形成了隆头、猫儿滩、洗车三个小镇。水运和商业贸易的兴起，改变了当地人传统的生活方式，洗车河边的人开始向小镇聚集，过去自产自销的农副产品也走进了市场，土家人传承数千年的织锦也得以走向市场。

土家织锦进入市场至少带来了以下变化：第一，改变了当地传统的男耕女织的生活。过去由于织锦是自穿自用，所以，妇女都是利用闲暇编织。进入市场后，需要量扩大，一些土家妇女专门从事织锦，在洗车河流

① 哈哥：《颇具民族风格的土家织锦》，《龙山文史》（第六集），第82－83页。

域的捞车、梁家寨、朱家寨、惹巴拉、叶家寨出现了不少织锦专业户，织锦成为洗车河流域重要的家庭手工业。第二，家庭织锦手工业的出现，改变了当地的种植结构。由于当时织锦都保留了传统的原材料和制作工艺，土丝、棉线的剧增，种桑养蚕、种棉纺线的人增多了，经济作物的面积扩大，自然影响人们传统生活方式。第三，织锦的花纹图案增多。为了适应市场的需要，满足购买者不同的心理需求和审美情趣，织锦艺人们在传统图案的基础上创作了不少新的图案。如“福禄寿喜”“凤穿牡丹”“鸳鸯采莲”等。第四，原材料有了变化。传统织锦是土丝、土线，当洋纱进入后，一些地方也开始把它作为织锦的材料。第五，在相对专业化生产的前提下，培养出一批织锦高手。由于一些土家妇女专门从事织锦，在市场竞争下和长期编织探索中，技术精益求精，出现了像叶玉翠这样的织锦工艺大师。

在土家织锦迎来它第一个兴盛的时候，虽然织锦工艺品走向市场、走出它生产的狭小天地，但织锦生产没有离开它的原发地，生产者和设计者没有分离，组织生产的形式也承袭了传统。织锦工艺本身没有发生什么变化，其生产的原材料、花纹图案都基本保留了传统。我们现在所见到的传统织锦，可以证实当时的工艺情况。

（四）土家织锦的曲折发展及其现代转型

中华人民共和国成立后，土家织锦经历了几个曲折发展阶段。解放初期，在确认土家民族成分过程中，除土家语、敬土工、玩摆手等作为确认土家族为一个单一民族的依据外，织锦也是依据之一。1950 年田心桃老师进京参加国庆观礼送给中央民委的礼物中就有织锦。20 世纪 50 年代末的土家族民间艺术调查中，也对土家织锦进行了挖掘。在挖掘的基础上，也开始了对织锦的创新，1957 年中国民间工艺美术大师叶玉翠与湖南省工艺美术师李昌鄂合作创作了《开发山区》等 5 幅作品，并送到伦敦国际博览会上展出，受到关注，从此开始了土家织锦创作的革新。

“文化大革命”时期，土家织锦作为民族传统文化的一部分受到冷落，进入一个萧条期。即使在那样的年代里，洗车河流域的一些土家姑娘和妇女还是偷偷地编织，使这一传统技艺传承下来。

改革开放后，土家织锦获得了一次极好的发展机会，迎来了它的第二个兴盛期。20 世纪 80 年代末，在土家织锦之乡洗车河流域，在对传统织锦进行全面调查、挖掘整理的基础上，为适应现代人的心理需求和审美需要，开发出一系列新产品，如壁挂、沙发套、电视机罩、各种口袋、马夹等，生产经营模式也发生了变化，由原来的家庭手工业发展为规模化的集约生产，家庭生产与工厂生产相结合。据有关资料显示，20 世纪 80 年代末期，仅龙山县就有 20 多个乡镇、10000 余名织锦艺人从事织锦业，全县拥有 4000 多台织机，年产织锦 30 多万件。仅猫儿滩镇 13800 人中，就有 2854 人从事织锦，有织机 2614 台。镇办织锦厂有工人 60 人、织机 62 台，1988 年全镇对外销售额达 35.5 万元，本地销售额达 4.3 万元。并在深圳、广州、桂林、海南、哈尔滨、北京、郑州等地设了销售窗口，产品还远销日本、美国、菲律宾、意大利等国家①。

当时，不仅镇里和县里办厂，一些私人也办厂。如捞车村织锦能手刘代娥，1986 年从张家界回来后就自己在家办织锦厂，屋里屋外几十张织锦机，临近的梁家寨、朱家寨、叶家寨的织锦妇女也到她家领料加工，主要生产小壁挂和口袋。在她家织锦和领料加工的人达 300 多人。刘代娥在家组织生产，丈夫向光武就跑销售，他们的货主要销往韶山、海南、花垣、湘西州二轻局②。她家办的织锦厂 1997 年才停下来。

20 世纪 80 年代中期至 90 年代中期是洗车河流域织锦最为繁荣的时期，全国许多旅游景点都销售这里生产的织锦产品。出现这一局面主要有以下原因：第一，80 年代初实施的家庭联产承包责任制，农民不但拥有了自己自由支配的土地，也有了自己支配的时间。这种革命性的改革，使农民能按自己的想法经营自己的土地，粮食产量很快提高，在有了粮食的前提下，农民从事传统手工业生产就有了可能。第二，80 年代后期全国兴起的大办乡镇企业的热潮，也促进了洗车河织锦业的发展。当地政府在思考

① 哈哥：《颇具民族风格的土家织锦》，《龙山文史》（第六集），第 84 页。
② 潘鲁生：《民艺学论纲》，北京工艺美术出版社 1998 年版，第 128－131 页。

地方发展战略时，自然想到了传统产业——土家织锦，一时间，在洗车河流域出现许多织锦厂。第三，旅游业的复兴刺激带动了土家织锦业。改革开放后，中国人的生活水平有了明显的提高，加之人口流动政策的放宽，旅游开始兴起，即使在土家族聚居的武陵山区也开发出张家界、王村等景点，由于当时旅游业刚刚兴起，景点销售的工艺品还很少，给土家织锦占领景点市场提供了契机。第四，改革开放后一段时间，物质产品，特别是点缀人民生活的装饰品相当匮乏，而当时人民的购买力又比较高，因此，新开发出的土家织锦产品深受购买者的青睐。第五，由于民族传统文化在相当长的时间受到压抑，当政府重新重视民族传统文化后，与民众对传统文化的渴望心理一拍即合，土家织锦的复兴也是此种大文化背景的产物。

20 世纪 90 年代中期以后，以龙山洗车河为中心区的织锦业日渐萧条，各乡镇办的企业在不经意中停产，县办的织锦厂也悄悄关了门，一些织锦大户虽然维持了一些时日，但在 90 年代末期纷纷改行。土家织锦的发源地洗车河流域的织锦业遇到了新的困惑。出现此种局面的原因主要是：第一，当物质产品，特别是工艺装饰品极大丰富后，消费者的选择空间扩大了，消费心理也发生了变化，原来畅销的织锦产品，如信袋、电视机罩、被盖、枕套、沙发巾、沙发垫巾、帐帘等，大多被人们的生活所淘汰，市场需求量大大减少；第二，随着旅游业的兴起，旅游产品日益丰富起来，织锦产品在丰富多彩的旅游工艺品面前日渐失色；第三，由于 80 年代土家织锦的一时火爆，在片面追求产量时，改变了传统织锦的质地和图案，质量的下滑导致了在竞争中败下阵来；第四，传统工艺由于讲究质地和手工编织，制作成本高，没有价格优势，这也成为民族工艺品走向市场的阻碍。

当土家织锦在原发地出现危机后，不少艺人或被请走，或自动外出谋生。在王村、张家界、长阳、宜昌、恩施、凤凰、海南、来凤等地都办起了规模不等的土家织锦厂，这些织锦厂的师傅大多是洗车河的。这些办在风景区的织锦厂，生意也远不及以前，不少景点不是为了买产品，而是为了展示土家织锦的编织工艺。

二、土家族织锦现代转型引起的变化

土家织锦转型引发的变化主要表现在：

第一，传统土家织锦是用土丝、土棉线精心编织而成的。从植桑、养蚕、缫丝、拧线和种棉、纺线，到把丝线染成各种颜色，然后编织，每一过程都凝聚了土家人的心血和汗水，都留下了土家妇女的情感与体温，是真正的手工艺品。洋纱进入后，少量使用机械纺的棉纱，但主要还是土丝、土线。20 世纪 50 年代开始使用毛线和机械纺的丝线棉线，80 年代开始，广泛使用纤维合成的膨体纱。传统织锦的原材料完全发生了改变，这种改变对土家传统织锦的走向起了非常重要的作用。传统的土丝、土线织出的土锦厚实平稳，质地好，经久耐用，视觉美观大方，而膨体纱织出的织锦则疏松轻飘，色彩过于艳丽，给人不结实、不厚重的感觉，失去了传统织锦的内在品质。这一变化是引起现代织锦质量下降的根本原因。

第二，图案的变化。土家传统织锦是数千年来土家人民知识和智慧的结晶，生动地反映出民族的思想观念、价值取向、审美意识和对生活的追求。据织锦艺人们介绍，土家传统织锦至少有 120 多种图案，甚至有人说有 200 多种图案，到目前为止，还未有人把所有的传统图案统计出来。在已知的图案中有取材于大自然的植物花卉，如金钩莲、大白梅、小白梅、九朵梅、大烂枯梅、小烂枯梅、岩蔷薇花、梭罗花、藤藤花、韭菜花、荷叶花、牡丹花、刺梨花、太阳花、天竺花、桃花、菊花、葡萄花等；有表现动物题材的石必（小野兽）、阳雀花、猫脚迹、狗脚迹、马必（小马）、燕子花、蝴蝶花、螃蟹花、虎皮花、狮子花等；有取材于现实生活用具的桌子花、椅子花、大王章盖、小王章盖、锯子花、粑粑架花、桶盖花、梭子花、棋盘花、豆腐架等；有反映民族历史和民族风俗的如土王五颗印、野鹿衔花、老鼠嫁女、迎亲图等；有表现人们美好追求的如福禄寿喜、凤穿牡丹、鹭鸶踩莲、满天星等；还有不少抽象图案的花纹，如万字格、洒斗格、八勾、二十四勾、四十八勾等。土家传统织锦的图案不仅有深刻的象征意义，而且色彩搭配和图案的整体布局十分讲究，多用深色，达到十分和谐的审美效果。

现代土家织锦在继承传统的基础上，花纹图案有了很大变化。一是适应市场的需要，很多织锦厂或生产者都是根据订货者的要求编织图案，如韶山风景区需要的产品就在织锦袋上织上“韶山风光”几个字和相应的图案。王村织锦厂还应外国人的需求，织上“圣女像”“耶稣像”等。二是地方宣传的需要，如人民大会堂湖南厅的巨型土家织锦壁挂——《岳阳楼》，还有《张家界》《北京八景》等作品都具有广告宣传的目的。三是艺术创造的需要，一些从事工艺美术创作的文化人构思出新的作品后，让织锦艺人按图编织，如《开放山区》《月是故乡明》《赶场》《茅谷斯》《巴山舞》《摆手舞》等，不少创作取材于土家族传统文化艺术。四是织锦艺人自己的创作。为了迎合顾客的心理，一些织锦艺人把传统图案与自己的构思结合起来，创作了许多新作品，如《福》《寿》，布袋上装饰八勾或阳雀花、各种抽象的人头像等。

20 世纪 80 年代后，编织传统图案的艺人已经少见了，除非定做，一般是不会主动生产传统图案的。因为传统图案费时费工、制作成本高、没有市场竞争力。因此，年青一代织锦艺人多不会织传统图案了，传统图案只留在少数老织锦艺人的记忆里和博物馆收藏的传统织锦上。土家织锦现代图案取代传统图案后，织锦本身所承载的历史和文化也丢失了。这种丢失不只是一种传统工艺的丧失，更是一种艺术精神的沦丧，其后果是不堪设想的。

第三，制作者与设计者的分离。土家传统织锦是靠口传心授一代代传下来的，织锦的生产者也是设计者，土家妇女凭着自己的聪明才智把对自然、社会、人生的感悟和认识反映在一幅幅五彩斑斓的织锦上，是一代又一代土家妇女心血和智慧所凝结，她们的创造是自由主动的，充分发挥了想象力和创造力。现代织锦却不同，往往是订货方拿出图样和设计要求，织锦艺人按图创作，其创作是呆板的、受限的，无法发挥自己的想象空间和创作冲动，打上了工业社会的烙印。这种分离会导致民间工艺源泉的枯竭，引起民间工艺的变异，最终使民族传统工艺步现代工业的后尘，使生产出来的产品标准化、刻板化、部件化，完全失去民间工艺品所具有的清新、自然、生动、活泼，民族民间工艺最终会走向死胡同。

第四，织锦用途和品种的变化。土家传统织锦由于是农耕社会的产物，所以主要是满足农民自身生活的需要，是人的最基本的生存需求，除少量用于送礼，大多用于自己使用，所以产品也很单一，传统织锦主要是衣、裙、被。而现代织锦是现代化条件下的产物，主要是满足美化人们生活的需要，主要用于欣赏、装饰，因此，出现壁挂、各式口袋、马夹、地毯、沙发巾、电视机罩、手机套等新品种，特别是为生产大壁挂的需要，改造了传统的织机，生产出能织 170 ~ 200 厘米宽的大织机，传统织机也发生了变化。品种的多样化是因用途改变引发的，而用途的改变是由社会变迁引起的，是市场作用的结果。因此，土家传统织锦用途改变是势所必然，这种必然发展会改变民间工艺品的走向，使其背离传统，向商品化、世俗化、一般化的轨道滑行，其结果是失去民间工艺应有的价值和文化内涵。

第五，生产规模和生产形式的变化。传统织锦是男耕女织社会的产物，都是以家庭为单位进行生产，妇女平时从事生产，只有闲时才能坐到织机前生产自家所需要的织锦。生产是自主安排的，随意性大。现代织锦是工业社会的产物，改变了以家庭为单位的生产模式，生产规模扩大了，生产按订货要求组织，往往是生产成批的一种产品，生产者往往是被雇佣者，必须服从管理者的安排，自由度大大减少。生产模式的改变实质上也改变了织锦生产的意义。传统的织锦生产不仅是构造一种物件，也是艺术和文化的创造过程，甚至是创作者一种调剂和精神寄托，因为创作者坐在吊脚楼木房的织机前，一边织锦，一边哼着小曲，在寂静的环境中编织自己的希望，那种场景是一种人与自然的合一。现代集体化的生产，很多人坐在一个机房里，还有汽车、行人的嘈杂，生产一种单调的产品，日复一日的劳作，制作完全是机械的，没有家务和农活的调剂，这种环境下生产的产品就跟生产其他工业产品一样，生产者难以从中得到愉悦。

第六，产品的生产地发生了变化。传统土家织锦是在土家族特定的社区、特定的文化背景下生长成熟的，她的发育成熟离不开土家族传统文化的滋养，她的延绵数千年也离不开土家山地农耕生活的温床。因此，传统土家织锦只在洗车河那样的生态环境中才能生存。现代土家织锦的生产地却多是城市和风景区，是完全现代化的文化背景。虽然织机和织锦艺人都是从原来土家织锦的故土迁移的，但她们面临的环境却有天壤之别，这种文化移植，注定了传统土家织锦要慢慢背离传统，与现代接轨。生产地的变化，必将会引起织锦图案和反映内容的变化，久而久之，在异地生产的织锦就可能不是土家织锦，移植的后果将是民族传统工艺完全变异。

三、土家族织锦演变的现代启示

从以上状况可以看到，民族民间工艺的现代转型是势所必然，因为从文化社会学的角度分析，传统文化的生长、传承必须要有合适的土壤，要有相应的社会经济环境和文化背景。土家织锦从繁荣到萧条与中国社会的发展和当地社区社会经济、社会结构的变化是分不开的。如果我们观察近代以来土家织锦发展的脉络，就会发现其中的缘由，从土家织锦的演变中可以得到诸多启示。

第一，社会经济基础的变化是民族民间工艺兴衰的根本原因。毫无疑义，民族传统工艺是自然经济的产物，是在特定的文化背景下孕育成熟起来的。潘鲁生先生说："由于自然经济的长期延续，鸡犬之声相闻于耳，民至老死不相往来的社会形态，政治上的儒家思想统一天下，民间造物也由经验发展为自足的程式化结构……在人类社会中，造物的过程是社会运动的一个方面或部分，它联系着人与自然的关系，人与人的关系以及与社会的关系。"① 土家族织锦是在封闭的山地环境中成长起来的艺术奇葩，在自然经济条件下，在物质极其贫乏和贸易受限的情况下，土家人必然沿袭传统的生活，织锦成为生活的必要手段，因此，织锦成为人们的自觉行为。改革开放初期，家庭联产承包责任制的实施，给农民提供了广阔的自由活动空间；同时，包产到户，粮食产量大增，农民有了从事工艺创造的

① 潘鲁生：《民艺学论纲》，北京工艺美术出版社 1998 年版，第 128－131 页。

前提。富裕起来的农民也需要享用传统工艺品，加上20世纪80年代旅游业的刚刚兴起，而旅游产品又极度缺乏，于是给了土家织锦一个极好的发展机遇，但进入90年代末以后，伴随改革开放的不断深入，物质产品的极大丰富，旅游业的飞速发展，加上打工潮的兴起，土家织锦的萧条成为必然，因为其存在的社会基础已发生了变化。因此，在现代社会背景下，民族传统工艺必须顺应时代的需要，否则就将淘汰。

第二，价值观念的变化是导致民间工艺盛衰的又一因素。土家织锦被称为土家族的艺术之花，其质地、图案、用色都属民间工艺的上品。但90年代后，由于打工潮影响到土家族地区，大批年轻人外出打工，一是从事织锦的人减少，二是到发达地区打工的年轻人受到都市文化的影响，对民族传统文化的认知也发生了变化，她们认识不到民族传统工艺的价值，甚至认为那是落后、是丑的东西，就是没有外出的青年人受到现代服饰文化的影响，对传统工艺也很冷漠，盲目追求时装和品牌。这种价值观念的改变使民族民间工艺失去生产传承的土壤。而且年青一代对民族民间工艺的冷漠是最可怕的，这意味着民族传统工艺没有了传人。

第三，民族民间工艺的兴衰与国内外政治、经济气候有关联。鸦片战争后，当对外贸易影响到土家族聚居的武陵山区后，织锦随同其他山货成为外销产品，很快刺激了洗车河流域的织锦业。“文化大革命”期间，尽管人们的物质生活极度贫乏，但因织锦是“资本主义尾巴”，农民想织锦却不能。改革开放后，由于允许农民自主生产，土家织锦业也很快兴盛起来。因此，政治、经济气候对民间工艺的命运也是至关重要的。

第四，社会的重视可以唤起人们对传统工艺的重新认识。20世纪50年代，在确认土家族民族成分过程中，由于整个社会都关注民族特色、民族传统文化，包括土家织锦在内的土家族传统文化在土家人民中都有一定的认识。近几年来，从国家到地方都在重视挖掘、保护民族传统文化，土家织锦通过政府的努力走进了巴黎的艺术殿堂。因此，民族传统工艺只要受到整个社会重视，就有复兴的希望。

土家织锦兴衰变化留给我们许多深思，从总的情况看，民族民间工艺的命运是岌岌可危的，无论是消失或变异都是十分可怕的。因此，从政府到民间都应采取坚决的措施加以保护，比如，设立民族民间工艺保护基金、建立保护区、保护民间工艺美术大师的权益、在各级学校开设相关课程、在大学开设相关专业、对传统民族民间工艺进行全面调查、建立数据库等。只有全社会共同努力，民族传统工艺传承才有希望。

白族扎染工艺文化的传承、保护与开发

金少萍[*]

一、白族扎染——中国绞缬工艺文化的活化石

（一）绞缬——中国古老的染色工艺

文献和考古资料证明：绞缬是我国古老的传统纺织染色工艺，具有悠久的历史。绞缬，又称“扎染”，这种染色工艺早在秦汉时代已在中原大地出现，隋唐时代是其发展的鼎盛时期，扎花工艺、染色技术、染料的制作、流传的地域都达到了前所未有的发展。在中国的古代文献中，对扎染工艺、植物染料的种植和制作、染色技法都有相关的记载。如北魏贾思勰的《齐民要术》中记录了种植植物染料的经验和染料制作加工的方法，明代宋应星的《天工开物》中有关于各种染料及染色技法的描述等。另则，元代史学家胡三省也曾在《资治通鉴音注》中对扎染工艺作了如下简述：“缬，撮采以线结之，而后染色；既染则解其结，凡结处皆原色，余则入染矣。其色斑斓谓之缬。”① 在新疆吐鲁番的阿斯塔那十六国时西凉的墓葬中，发现了最早的绞缬红绢，在该地唐墓中出土的绞缬菱花纹绢，缚结时的缝线还没有拆去，当时折叠缝缀的方法依稀可见。② 从隋墓中舞俑的着

---

* 作者单位：云南大学西南边疆少数民族研究中心。

① 转引自罗钰、钟秋：《云南物质文化》（纺织卷），云南教育出版社 2000 年版，第 291 页。

② 《中国古代史常识》（专题部分），中国青年出版社 1980 年版，第 133 页。图片可参看吴淑生、田自秉：《中国染织史》插图，彩版 11、图版 30，上海人民出版社 1986 年版。

装上，可以看出绞缬“鹿胎”纹——一种以黄色为底、以白点为花的单色和多色绞缬纹样。[①] 宋代以后，由于经济、技术等方面的原因，再加上朝廷的染缬禁令，古老的绞缬工艺在中原地区逐渐蜕化，以至消失了。

（二）白族扎染的历史溯源

白族居住的大理洱海地区是云南纺织文化的摇篮地之一，据考古资料显示，在洱海地区新石器的遗址中连连发掘出形制多样的陶制纺轮等手工纺织工具的遗物。至唐朝初期，白族的纺织业已达较高水平，据《西洱河风土记》载：“有丝、麻、蚕织之事，出绝、绢、丝、布、麻，幅广七寸以下，染色有非帛。”[②] 南诏、大理国时期，南诏政权还从成都掠来许多织绣工匠，从而提高了南诏的文采织绣技术。[③] 南诏的大厘城（今喜洲镇）是当时赫赫有名的织锦城，《南诏德化碑》中有“大利流波濯锦”的记载。在发达的纺织文化的背景下，印染工艺也具有较高水平。据史书载：唐朝贞元十六年（800）南诏朝廷派乐舞队到长安献艺，当时参加《南诏奉圣乐》演出的演员，其身穿的舞衣“裙襦鸟兽草木，文以八彩杂革”，光彩照人。[④] 大理处于南方丝绸之路、茶马古道这两条传统通商古道的交会之地，与汉文化的交流由来已久，流行于中原和四川等地的绞缬工艺文化也在大理地区留下了痕迹，并得以扎根和绽放。宋代《大理国画卷》所绘跟随国王礼佛的文臣武将中有两位武士头上戴的布冠套，与传统蓝底小团白花扎染十分相似，有学者认为，这可能是大理扎染近千年前用于服饰的直观记录。明清时期大理地区的寺庙中，曾发现有的菩萨塑像身衣有扎染残片及扎染经书包帕等。[⑤] 民国时期，喜洲和周城一带，家庭扎染作坊遍布，成为扎染生产的大本营。喜洲 16 村的白族名称中有不少与织染文化有关，并沿袭至今，如染衣巷，白语意为“绍绩”，是古代喜洲绩麻纺织的巷道，

---

① 李雪玫，迟海波：《扎染制作技法》，北京工艺美术出版社 2000 年版，第 3 页。

② 转引自赵学先：《白族文化大观》，云南民族出版社 1999 年版，第 645 页。

③ 樊绰《蛮书》卷七。

④ 《新唐书》卷二百二十二。

⑤ 杨雪果：《传扬生活妙韵的巧技——云南民族工艺》，云南教育出版社 2000 年版，第 86 页。

后世多染业户，所以有“染衣巷”之称。[①] 周城村由于自种土靛，染布成本低、活路精细等，曾一度冲击了喜洲的染布业，成为闻名遐迩的织染村。全村经营染布的竟达300多户，村民自织、自扎、自染、自销，以维持生计，并出现了一些著名的染布作坊和商号。[②]

（三）白族扎染与中原汉族地区扎染工艺文化的比较

在白族民间，扎染又称“疙瘩染”。白族扎染基本上沿袭了中原地区古代绞缬工艺的传统技术，植物染料、手工扎花，这是扎染工艺的根本。以下试对两者间的承继性和相似性进行比较。

扎花技法：扎花是纯手工操作，其工具就是缝衣针和线。扎花的基本技法也大同小异，扎、缀、缝、捆等都是古今通用的一些基本方法。这些针法的运用其目的都是为了通过这些技法，在浸染时使得染液难以渗透到紧紧缝扎的部分，其缝扎部分的花与未缝扎的底，呈现出鲜明的两种颜色。

植物染料的种植和制作：植物染料既有自然生长的植物染料，也有人工栽培的植物染料。在人工栽培的植物染料中，最常见的是蓼蓝。蓼蓝也是云南少数民族中普遍种植的植物染料，其种植、制作自古一脉相承。大理白族传统的制靛方法与古代文献《齐民要术》和《天工开物》所记载的中原汉族的制靛方法基本相同。

染色技法：扎染是一种特殊的染色工艺，在染色工艺中的学术用语就是“防染法”。在浸染前先在白布上印上花纹图样，然后用针线将“花”的部分重叠或折皱缝紧，呈“疙瘩”状。采用冷染的方法，经反复浸染后，拆开色泽未渍的“疙瘩”即成各种花形，成品蓝底或青底白花，清新素雅，韵味独特。另外，套染技术的运用以及利用盐、碱等原料作为媒染剂等方面，两者也大致相似。

扎染的纹样图案：唐朝时期中原地区较为流行的如“鱼子缬”（小圆

---

① 李正清：《大理喜洲文化史考》，云南民族出版社1998年版，第22页。

② 《白族社会历史调查》（三），云南人民出版社1991年版，第217页。

点纹样）、“玛瑙缬”（大圆点纹样）、“鹿胎缬”（类似梅花鹿毛皮的纹样）、小蝴蝶、小梅花等纹样，[①] 也是白族扎染中最为常见的纹样。此外，流传于汉族民间的诸多传统吉祥图案，也是白族扎染纹样的主题，纹样的构图和文化寓意也大致趋同。

共同的染神信仰：在汉族民间广为流传着梅、葛染神的传说故事。在周城白族村中，原来在北本主庙中有梅、葛的塑像，与杜朝选本主供在一起。

由此可见，如今保存在云南大理白族中的扎染，是中国绞缬工艺技术及其传统的重要代表，是一份值得我们珍视和承继的宝贵的民族文化遗产。

二、白族扎染工艺文化与旅游业的互动发展

（一）周城村丰厚的旅游文化资源

周城村位于大理坝的北端，西枕苍山，东临洱海，北邻驰名中外的蝴蝶泉自然风景区，南距大理古城25公里。古老的滇藏公路（214国道）穿村而过，大（理）丽（江）公路位于村庄东南，沿着这两条公路往北可达洱源、剑川、鹤庆、丽江、中甸等地。

周城村本身看似一幅美丽的画卷，周城是云南省最大的白族村落，全村有2000多户，10000多人口，1000多院“三坊一照壁”“四盒五天井”的白族民居坐落在苍山云弄峰麓的缓坡地带，屋宇密集、青瓦白墙、栉比鳞次。从高空鸟瞰或远处眺望，有“大而成周，周而成城”的景象，蔚为壮观。在村庄的入口处高高耸立着为村民挡邪避灾、保境平安的大照壁。村北广场上的两棵百年古榕，枝繁叶茂，宛如两把巨伞掩映着熙熙攘攘的乡村市场。

霞移溪大峡谷是周城村重要的自然景观，也是著名白族神话传说“杜

---

① 罗钰、钟秋：《云南物质文化》（纺织卷），云南教育出版社2000年版，第291页。

朝选斩莽”的发生地。峡谷两岸悬崖峭壁，千姿百态，谷底清溪急湍，峡谷深处有猴子台阶、洗衣石、瀑布、蟒蛇洞、燕子洞、刺天塔等景观。沿着霞移溪峡谷可达苍山百花园——花甸坝，山花烂漫，无限风光。峡谷口从天而降的三块锅形状的巨石，格外引人注目。

村内青石板铺砌的纵横交错、深幽漫长的古巷道中，一座座历史悠久的古寺庙宇，标榜着白族村落特有的文化古韵。有建于唐代的银相寺、龙泉寺，建于明代的灵帝庙（北本主庙）、景帝庙（南本主庙）以及建于清代的古戏台等。此外，村民的建筑、服饰、饮食、节庆、婚丧、宗教信仰等生活的方方面面无不闪现着浓郁的白族风情。

祖传的扎染工艺文化，更为周城白族古村的风貌平添一份飘逸和神奇。往昔供奉在本主庙中的梅、葛染神塑像，当今张贴在染缸上的甲马纸，以及扎染与白族服饰、婚嫁礼俗、生育礼俗、建房礼俗、农事礼俗、宗教礼俗之间丝丝缕缕的联系，说明起源于中原大地的扎染工艺文化历经漫长的岁月，与白族的民风民俗融为一体，构成周城白族特有的民俗文化现象，是周城白族文化的重要象征。

周城村得天独厚的区位优势、历史悠久的文化风貌、秀美壮丽的自然景观、浓郁的白族风情、独特的扎染工艺，是周城村丰厚的旅游文化资源，是一种综合的优势，为周城村以后的大发展奠定了基础。

（二）扎染与旅游业的互动发展

1. *以旅游业为契机——扎染工艺的重振和扎染业的发展*

当代白族扎染的发展，主要是以周城村为大本营而拓展的。周城在历史上便是赫赫有名的织染村，而且素有种植、制作植物染料的传统，在大理坝久负盛名，民国《大理县志稿》等文献中均有记载。在周城传统的社会生活中，染布业、制靛业举足轻重，是传统经济的重要依托。但具体而言，周城村传统的染布业主要染制平面布、两面布、印花布、扎染布这四种产品，而其中扎染布的生产格外费时耗工，其产品极为有限，主要是满足自己生活所需，仅有少部分作为商品出售。“文化大革命”时期将传统的民族扎染工艺视为“资本主义尾巴”，封闭了作坊，扎花工艺和植物染料几乎失传。直到1978年中国共产党十一届三中全会后，农村经济体制改革，实行家庭联产承包责任制，调整了产业结构，周城村的染布业才开始恢复生产。从1983年开始，历史上经营染布业的农户率先开办了家庭扎染作坊。1984年5月，村办企业——周城民族扎染厂建厂，投产当年就有效益。但在20世纪80年代初期，农户的家庭扎染作坊和周城民族扎染厂的生产规模都很小，植物染料供不应求，产品的质量不高，品种样式单一，市场有限，主要生产当地产品即农村妇女的头帕、手帕、方围巾等。

周城村的旅游业起步较早，20世纪80年代初期便被州、市政府定为"对外开放定点接待单位"，成为大理市最早的白族村社对外开放的一个窗口。据统计，1984年周城村共接待游客621批，其中国外游客100多批，分别来自日本、美国、英国、法国、意大利、德国、加拿大、泰国、缅甸等10多个国家。① 从80年代中期起，周城村的决策者们大胆提出靠扎染业来启动旅游业，通过发展旅游业来推动扎染业的战略思想。实践证明，正是由于有了扎染业大发展的基础，才带动了旅游业的异军突起。在近20年的时间里，周城村的扎染业与旅游业相互依托、相辅相成、相得益彰、并驾齐驱。1992年周城被云南省旅游局命名为"白族民俗旅游村"和旅游涉外定点单位、1996年周城被文化部命名为"白族扎染艺术之乡"。

旅游业的起步和发展，为扎染业拓开了广阔的市场。周城的扎染保持着手工扎花、植物染料浸染的传统，再加上具有价廉物美、实用、携带方便、鲜明的民族地方特色等诸多优势，很快成为旅游市场上的佼佼者，吸引了中外客商，走向了国内外市场。在大理古城的洋人街、南门，各种扎染制品琳琅满目，素有"扎染一条街"之称，成了大理古城又一道亮丽的风景线。除大理外，丽江的四方街、黑龙潭，昆明的民族村、世博园等旅游景点，大理的扎染制品也格外醒目，倍受游人青睐。扎染旅游市场的推动，村办企业周城民族扎染厂和私营家庭扎染作坊都获得了发展的契机，特别是周城民族扎染厂，经济效益日渐提高，投资规模不断扩大，兴建了

① 《云南大理周城志稿》，中国人民大学历史系1985年编印，第108页。

染房和厂房大楼，逐渐添置了100多个染缸，并购置了脱水机、大型洗水机、熨布机等大型现代机械设备。扎染厂采取统一下料、统一印样、分户扎花、统一浸染、分户拆线、统一漂洗、统一销售的方式组织生产。扎花工分布于家家户户，人数最多时竟达4500多人，连邻村的妇女都加入了其行列。其生产效益最好的1995年，生产产值达800多万元、销售收入达700多万元、上缴的利税达80多万元、付给社员的扎花费为145万元。1987年其产品开始销往日本，开拓了外贸市场，从此，其生产的各项指数都有了一个新的增长点。1988年起，连连被省、州、市政府评为“出口创汇先进企业”。1993年获得国家商检局给予的出口产品质量免检的殊荣。1998年开始拥有进出口经营权。如今其90%以上的产品销往日本市场，此外，还远销美国、英国、法国、加拿大、澳大利亚、新加坡和中国台湾、香港等国家和地区。

扎染作为旅游产品进行开发，增加了产品的种类，有面料、床单、桌布、围巾、枕巾、手帕、门帘、窗帘、沙发巾、挎包、坐垫、茶杯垫、服饰、鞋等。扎染的工艺也得到较大发展，扎花针法由简单到繁复，创造了扎、撮、皱、叠、折、捆等30多种针法。纹样图案也不断推陈出新，从仅保留下来的4种祖传纹样，发展到近1000种纹样，题材广泛、内涵丰富，有植物类、动物类、图案类、自然景物类、人物类等，既有传统纹样，又有现代题材，还有日本的歌舞伎、京都观景图等外域文化的图案。在染色工艺方面更加成熟，工艺上更加精湛，除冷染技术外，还采用套色工艺及多种染媒。

旅游业背景下，周城村的扎染业成为龙头企业，带动了各行各业，创造了丰厚的经济效益，改变了村庄的经济面貌，提高了社员的生活水平。以下述三组历史数据为例：其一全村经济、粮食收入情况。1978年全村经济总收入为86万元，人均纯收入为118元，粮食总产量为2434吨，人均316公斤；1989年全村经济总收入为1101万元，人均纯收入为1378元，粮食总产量为2925吨，人均336公斤；1999年全村经济总收入为16228万元，人均纯收入为3360元，粮食总产量为3357吨，人均371公斤。其二经济收入中各项收入的比例。1978年在全村经济总收入中，种植业收入占

90% 以上，工副业多种收入不到 10%；1989 年在全村经济总收入中，种植业收入和工副业收入大约各占 50%；1999 年在全村经济总收入中，种植业收入仅占 4%，而第二、三产业的收入约占 96%。其三全村劳动力的从业指数，1978 年，从事第一产业的劳动力占总劳动力的 85%，从事第二、三产业的劳动力占总劳力的 14%；1999 年从事第一产业的劳动力占总劳动力的 8%，从事第二、三产业的劳动力占总劳动力的 92%。

扎染业的发展，也产生了前所未有的社会效益，具体表现在剩余劳动力的转移、女性经济地位和社会地位的提高、推动社区基础建设和社会福利的进程等诸多方面。

2. 扎染业带动——旅游业异军突起

周城村本来就具有得天独厚的旅游文化资源，扎染业的蓬勃发展，为旅游业开拓出一片新天地，带动了旅游业的异军突起。

扎染生产重振后，各种扎染制品风靡整个大理市场，成为重要的旅游产品，十分畅销。于是以加工扎染制品为主的缝纫加工业很快在周城兴起，辐射面广、从业人数较多，几乎家家户户都有人投入这一行业。其加工的规模有大有小，加工的方式也是多种多样，其中最多的是利用空闲时间替人加工、挣加工费这种方式。周城的扎染加工业前景可观，为大理的扎染市场提供了源源不断的各种旅游产品，是村民致富的重要门路。

与扎染生产同步，周城的扎染销售也悄然兴起。初期多以流动经营和地摊销售为主，从业人数较多，尤其在农闲季节，早出晚归到大理古城、下关及各旅游景点销售扎染。更多的则是在村庄道路的两旁和村巷中开店铺销售扎染，村头、村尾一排排的扎染店铺格外抢眼。此外，在大理、下关、昆明、丽江、中甸等地都有周城村民经营的扎染店铺。村内一部分经营染布业的农户和从事扎染制品缝纫加工的农户，也兼营扎染的批发和零售。近几年村内还出现了扎染展销厅，由若干名妇女共同联营，开办扎染展销厅销售扎染。以白族传统的民居院落为展销地点，刻意渲染扎染工艺生产的氛围，即家庭扎染作坊的布局。楼上为扎染展销厅，院落内则有染布的染缸、晒架，花台中种有植物染料，还有制好的蓝靛等。开办扎染展销厅的妇女，有多年销售扎染的经验，并与导游、中外客商结有长期的供求关系。她们平时在院落内一边扎花，一边等候旅游团队或订货客商的到来，收益可观。

商业、餐饮服务业，也在扎染业的带动下十分红火。既有集体经济的实力，也有村民的个体投入。村办事处于 1981 年开办了周城食馆，随后发展为周城饮食服务公司，内设餐馆、停车场、住宿部。为适应旅游业发展的需要，开办了集饮食、住宿、扎染销售、民族歌舞表演、民族风情观光系列旅游服务为内容的周城旅游服务公司。1995 年办事处又投资 623 万元，兴建了集食、住、游、娱等一条龙服务的“蝴蝶泉宾馆”。总建筑面积为 13340 平方米，集白族传统建筑与现代建筑为一体，院落内有别致的蝴蝶造型的大喷泉，主楼的大门是白族门楼的建筑样式，飞檐斗拱，精致美观。住房部四合院内，环境清幽、鸟语花香。宾馆开办以来，已接待了上百万中外游客，经营收入达 400 多万元。近年办事处和村民共同投资 2000 多万元，沿 214 国道，南起仁里邑加油站，北至蝴蝶泉公园，全长 2. 2 公里，兴建了富有民族特色的商贸旅一条街。从村北到蝴蝶泉公园，演变成了繁华的商贸大道。公路两侧店铺林立，主要经营以扎染为主的旅游工艺品和旅游小食品的加工和销售，还有餐馆和旅馆等服务业。村民也利用生产扎染取得的效益投资于商业和餐饮服务业。商贸旅一条街上 90% 的店铺都是由村民个体经营的。在 1981 年时全村仅有 2 家私营的小餐馆，而现在周城村街面上和商贸旅一条街上各类私营商店无以计数，经营的项目也是五花八门，仅餐馆就有数十家，有的餐馆已达一定的规模和档次，成为大理旅游团队的指定用餐地点，生意兴隆。

商贸旅一条街既是周城扎染旅游用品加工和销售的中心，也是与新兴的旅游业相关的餐饮服务业的中心，标志着周城村旅游业的发展迈上了一个新台阶。

（三）扎染与旅游业互动发展的意义及启示

1. 民族传统文化的保护与经济的协调发展

周城白族扎染与旅游业的互动发展，可以说这是民族传统文化的保护与经济协调发展的一个较为成功的实例。扎染是周城白族历史悠久的民族传统手工艺，但在农村经济体制改革之前，这一民族传统工艺几乎处于一种濒临失传的境地，周城村人多地少，经济的发展徘徊不前，是大理市近郊的贫困村之一。在旅游业的背景下，萧条多年的扎染工艺得以重振，并带动了各行各业，扎染业已成为村民致富的重要产业，成为周城村经济腾飞的龙头产业。扎染业所创造的巨大的经济效益兼顾了国家、集体、村民三个层面，周城村一跃成为大理市、大理州闻名远近的“小康村”“亿元村”。随着村庄经济面貌的改变、村民生活水平的提高，又进一步强化了村民保护、传承扎染工艺文化的意识和文化自觉，实现了民族传统文化的保护与经济的协调发展。

扎染业与旅游业互动发展的良性循环，使扎染工艺文化的传承、保护与开发出现了新的三个结合点，即家庭传承与社会传承的结合、民族文化传承与经济发展的结合、传统文化与现代化的结合。

2. 民族传统文化的走向问题

白族扎染与旅游业互动发展的过程，从某种意义上讲涉及民族传统文化的走向问题。民族文化是流动、发展的，不是孤立、静止的，一成不变的民族传统文化实际上是不存在的。民族文化在传承和发展的过程中势必要打上时代的文化烙印，否则不可能得以传承和延续。白族扎染正是在旅游业拓展的大文化背景下，吸纳了现代旅游文化的某些内容，如在扎染产品的生产中，注重旅游用品的开发；在扎染的纹样、图案方面，迎合游客的现代审美意识进行大胆创新；为保证旅游用品的成批量生产，在某些加工过程中运用现代机器替代手工操作等。这样，白族扎染才有可能超越时空，从传统走向现代，扎染工艺文化的保护和传承才真正落到了实处。

3. 外部需求在民族经济增长中的作用问题

在民族经济的发展过程中，其内部的基础和外部的需求都是极为重要的，二者缺一不可。周城有生产扎染的历史传统，并保持着扎染生产的各种绝技，如手工扎花、染色工艺、植物染料种植和制作的技术等，这是扎染生产的重要基础。但是，若没有旅游业背景下的市场需求即外部需求，周城白族的扎染业不可能有如此广阔的发展前景。如何看待外部需求在民族经济增长中的作用？周城白族扎染的外部需求是国内和国外这一大市场，特别是日本市场的开拓（周城民族扎染厂的产品90%以上都是销往日本），使周城白族扎染的生产迈上了一个重要的台阶，提供了更加广阔的交易大舞台。日本市场的开拓、白族扎染倍受日本人的青睐，这种外部需求绝不是偶然的。事实证明，扎染工艺也曾经是日本传统文化的一部分，至今在日本的某些地区仍然保留着传统的手工扎花工艺和染制技术。现代日语中仍有“扎染”这一词汇，其日语汉字为“绞染”（译为中文有两个含义，一是绞缬染法，二是绞缬染法染出的花布）。中日传统的扎染文化具有相似性，这是日本人喜欢扎染的一种文化认同。这给予我们一个启示：外部需求在民族经济增长过程中起着重要的作用。重视外部市场需求的文化背景，有助于选准市场，使民族经济得到较大、较快的增长。

三、旅游业背景下白族扎染工艺文化的保护与开发

（一）创建周城白族扎染工艺文化博物馆

绞缬是中国古老的染色工艺，由于诸多原因，这一传统技术在中原汉族地区几近失传。如今较为完整地保存在大理白族中的扎染工艺文化，成为中国绞缬工艺技术及其传统的重要代表，是值得我们珍视和承继的宝贵的民族文化遗产。因而关注白族扎染工艺文化的传承及保护有着不同寻常的历史及现实意义。

现代化及旅游业的发展，一方面为各民族经济文化的交流拓宽了道路，另一方面又强烈地冲击着各民族的传统文化，使之面临着走向消亡的境地。在这样的背景下，如何保护和传承白族的扎染工艺文化？如何展示白族扎染跨越时空，从传统走向现代的历程？如何发掘白族扎染工艺文化的内涵，以增强白族民众保护和传承这一文化遗产的“文化自觉”？在白族扎染之乡——周城村创建白族扎染工艺文化博物馆是一种必然的选择，并且其条件已经成熟。作为乡村工艺文化博物馆，在其创意和构想方面要突出扎染工艺文化的保护和传承这一主题。具体可考虑这

样几个侧面：绞缬历史溯源，扎染作坊及工艺流程，扎染与白族民俗，扎染精品展示、展销，游客参与制作。据有关资料，日本名古屋市的有松鸣海绞会馆，实际上就是一个多功能的扎染工艺文化博物馆的原型。有松是日本江户时代绞缬的重要产地之一，当代的有松鸣海绞会馆集展示（绞缬的资料、技术、实物）、培训（体验教室）、精品展销（购物中心）为一体，其经验和具体做法可供创建周城白族扎染工艺文化博物馆做参考和借鉴。

（二）扎染工艺的进一步发掘

周城白族扎染从20世纪80年代恢复生产，直到如今，扎染工艺本身已有很大发展，并且适应现代的发展，工艺上有一些突破，如扎花技法和扎染纹样的创新，生产过程中现代机械设备的运用等方面。在大理地区旅游业大举发展的背景下，还需要对扎染工艺文化进行深度发掘，使之成为大理旅游产品中名副其实的精品，乃至云南旅游产品中的抢手货。事实上，白族民间知识也说明：扎染工艺本身仍有较大的发展空间和潜力。中国古代文献资料中有关绞缬工艺的文献资料及民间有关绞缬工艺方面的知识和创造，也可以作为进一步发掘白族扎染工艺文化的借鉴。

扎花工艺的开发：白族扎花的主要工具是针和线，在基本的缝缀、捆扎、折叠等基本扎花针法的基础上，创造出几十种不同的针法。还有一些扎花技法可以借鉴和运用，如任意皱折法（将织物做任意皱折后捆紧染色）、包扎法（将硬币、石块或豆类包进织物里扎紧后染色，产生多变纹样）、塑料纸防染法（用塑料纸包扎织物的局部）、反向扎法（反向思维，沿图案外形缝绞捆扎底子，形成大理石底纹，主体图案成为重色）等。[①]近年在周城的扎花技法中，塑料纸防染法和反向扎法已开始运用。大理彝族的扎染制作中，除用缝衣针扎花外，还有用钩针扎花的实例，这也是一种创造，可供借鉴。此外，中国古代雕版夹缬法，也可为开发新的扎花技法所借鉴，这方面的技法也是很丰富的。其方法是利用圆形、三角形、六

① 李雪玫，迟海波：《扎染制作技法》，北京工艺美术出版社2000年版，第56－63页。

边形木板或竹夹、竹棍将折叠后的织物夹住，然后用绳子捆紧。有折线夹扎法、菱形夹扎法、竹夹法、竹筷卷扎法，等等。[①] 为了丰富图案的纹样和层次，还可采用扎、缝、夹结合的综合扎法。

染色工艺的开发：周城白族的扎染绝大部分都采用传统的冷染技术，其实，煮染和蒸染技术也可以进行尝试，除蓝靛外，有的彩色植物染料也采用煮染技术。套染技术已在白族扎染中运用，这也可视为是今后开发扎染新产品及精品的一个努力方向。此外，重视盐、碱等多种媒染的作用。总之，还需要进一步收集和整理白族民间在染色工艺方面的传统经验和智慧，这有助于增加扎染的色彩效果、扎染布的光泽度以及解决扎染布脱色的问题。

植物染料的开发：在周城白族中，植物染料的开发以蓝靛为主。纵观中国染织工艺发展史，植物染料的色彩是丰富多彩的。云南素有“植物王国”的誉称，少数民族地区植物多样性的特点尤为突出。植物种类中包含着多种多样的植物染料，有的集药物、染料多种功能为一体，具有开发的优势和广阔的前景。[②] 据有关资料记载，白族历史上就有除蓝靛外的植物染料，明清时期大理白族生产的“洱红布”，就是利用天然植物素染色的。[③] 根据白族民间的知识，除了可以用植物染料染出蓝色系列的布料外，还可采用诸多植物的花、叶、茎、根染出各种色彩的布料，如红色、绿色、黄色、紫色、黑色等色彩，有的采用冷染技术，有的则采用煮汁入染的方法。

（三）扎染精品化之路

作为重要的旅游产品，白族扎染工艺文化的保护与开发，必须实行精品化战略。这需要从如下几方面入手。

1. 保持手工扎花、植物染料的种植和制作技术

手工扎花、植物染料染色，这是中国绞缬工艺的传统，也是当代周城

① 李雪玫、迟海波：《扎染制作技法》，北京工艺美术出版社2000年版，第38－47页。
② 颜恩泉：《云南植物染料及其开发》，《云南社会科学》2004年第2期。
③ 李晓岑：《白族的科学与文明》，云南人民出版社1997年版，第329页。

白族扎染的价值所在。在现代社会生活中，返璞归真、崇尚自然已成为一种时尚，手工扎花、植物染料浸染的白族扎染土布，正好符合这一时尚。再加上扎染所具有的价廉物美、实用、携带方便、鲜明的民族地方特色等诸多优势，使得扎染在众多旅游产品中脱颖而出，日渐成为旅游产品市场中的佼佼者。保持手工扎花、植物染料染色，从根本上决定着扎染制品的发展前景。

扎花工艺不是一朝一夕便能掌握的，需要具备挑花、刺绣的功底和长时间的学习和训练。周城白族扎花工艺的学习与传承，主要局限在女性群体中，并以家庭为单位，世代相传。平时女性之间的学习与交流，也是一种学习与传承的重要手段。村内上至70岁的老妪、下至豆蔻年华的少女都擅长扎花工艺。据统计全村的女性劳动力共有3000多人，而扎花工最多时竟达4500人。从现状来看，扎花工艺的传承和保护似乎没有什么后顾之忧。其实不然，值得我们注意的是：传统的扎染工艺是建构在村落农耕文化的背景之下的，作为一种副业，是农业生产的重要补充。而且担负扎花工艺主体的是没有文化的中年妇女群体。那么，几十年后，随着周城村的现代化及城镇化，随着周城的下一代普遍接受了现代教育，有的甚至远离故土受到大学高等教育，她们中还会有多少人依然固守本乡本土，沿袭祖母、母亲擅长的扎花工艺呢？扎花工艺将如何传承？从现在开始着手总结、记录扎花工艺方面的知识，培养扎花工艺的后继人才便成为当务之急。

目前周城村后山仍种植着上百亩蓝靛植物染料，民间也还保持着传统的制靛技术，绝大部分扎染产品仍采用植物染料浸染。但目前植物染料的发展也潜藏着种种危机和挑战，主要有价格危机、染制工艺的危机、种植和制作群体的危机等方面。[①] 植物染料种植和制作技术的保护和传承，关系着周城扎染的未来和前途，关系着来自大自然、来自民间的传统染色工艺会不会失传和变味。因而我们必须正视这些危机并采取相应的对策，如在传统植物染料的开发利用方面，注入现代科技；扩大集体种植的面积，

---

① 金少萍：《白族扎染——从传统到现代》，云南人民出版社2001年版，第264－265页。

以集体经济的实力保障植物染料的供求；对种植农户，在政策上有所倾斜，给予适当的扶持和奖励，以调动民间的力量，使传统植物染料的种植和制作技术得以传承。

保护和开发植物染料，还有另一重意义就是不会污染环境，可以确保扎染经济效益与生态环境之间的良性循环。

2. 扎染工序的精益求精

从一块布料到扎染成品，整个工序是一个繁复的过程。扎染的生产过程中主要有手工缝扎、浸染、拆线、漂洗、晒干这样几道工序。扎花是制作中非常重要的一道工序，首先要熟悉各种针法，每一块扎染布的纹样都采用了若干不同的扎花针法；其次要把握针法的松与紧，这完全是凭着悟性和手感来掌握，一松一紧本身就是一种创造；再有要防止脱落、错扎和遗漏。整个扎花过程需要极大的耐心和细心，因扎花工艺和挑花、刺绣不同，扎花时用肉眼难以直观看出纹样的形制和工艺效果的优劣，其效果要到浸染完成拆线时才能检验，没有任何补救的余地。扎花技术的好坏，关系着浸染后花纹的成形、色彩的深浅对比。用植物染料蓝靛浸染，系用冷染的方法，其过程要反复多次。染色的质量，除了与浸染的次数有关外，还与染料的配放、浸染技术、染媒的使用、晾晒、气候因素等有关。拆线工序不复杂，但须格外小心，一旦拆破布料，则前功尽弃。漂洗工序看似简单，但在过去，也是全凭经验，掌握不好，会影响扎染布花纹的成色。现在周城民族扎染厂购置了专门的大型漂洗机器，保证了漂洗工序的质量。由此可见，在制作扎染的过程中，只有每一道工序都精益求精，才可能保证产品的质量，否则生产出来的扎染布会有染色不均、纹样错扎和遗漏等诸问题。白族扎染要实现精品化战略，整个工序的精益求精是至关重要的。

3. 扎染制品的精加工

目前，从大理扎染旅游产品市场调查所反馈的信息来看，扎染制品加工粗糙是一个带有普遍性的问题。一般而言，扎染布料、床单、方巾、桌布之类问题不太突出，仅是缝纫布料的边沿，其质量还算过得去。而用扎染布料加工的各类包、帽子、服饰、鞋等旅游产品，由于加工水平高低不均，质量参差不齐，问题较为突出。限于笔者所见，大理市场上的帽子、小包、坐垫、小茶杯垫等小型扎染制品，仅有周城民族扎染厂的产品及昆明“万绿”牌的产品能够体现出小巧精致、雅俗共赏的风格。扎染服饰加工粗糙的问题更是屡见不鲜，在大理古城众多的扎染服饰店铺中，除一两个品牌的扎染服饰外，其余的都较为粗糙。可以说大理各旅游景点出售的扎染制品，制作粗糙的约占80%以上。加工粗糙的主要原因是：裁剪技术不过硬、缝纫粗糙、缺乏技术投入（有关缝纫技术的培训、学习，裁剪和缝纫机器设备的更新）。另则，周城白族扎染走向市场后，很快带动了缝纫加工业的兴旺，一些人认为缝纫加工投资少、见效快，故有一哄而上的状况，这也是扎染制品加工粗糙的一个重要原因。

无论从大理州旅游业发展的战略高度，还是从周城白族经济可持续发展的具体要求，都必须尽快改变扎染制品加工粗糙的现状，向精品化发展，使扎染制品真正成为大理旅游产品中的精品和拳头产品，这需要从如下几方面努力：其一改变观念，不能把扎染制品的加工视为短期的经济行为。在竞争激烈的商品生产中，只有立足于精加工，才能赢得市场。其二在缝纫的机器设备等方面做一些割舍和投入。其三进一步加强裁剪和缝纫方面的技术培训。其四组织技术力量开发新产品，以改变扎染制品款式大同小异，缺乏创新的状况。

4. 扎染制品的包装

周城白族扎染从20世纪80年代初的地摊销售起步，直到如今大大小小的扎染店铺和扎染展销厅，扎染产品裸体销售的现状并没有改变。一般就是用塑料袋装一下便递给顾客。周城民族扎染厂设计了塑料袋和纸盒包装，其上注有商标图案、广告词、厂址、电话、传真、邮编等。目前，这仍是大理扎染销售市场上唯一见到的包装。缺乏精美的包装，这也是扎染产品历经20多年的开发，仍然价格低廉、上不了档次的一个重要原因。

缺乏精致的包装，这既是各民族地区土特产品商品化过程中的共性问题之一，也是云南省及大理州旅游产品市场中的共性问题。据调查周城白族的扎染输出到日本后都是重新做包装的，笔者也曾在日本东京出售棉制品的一家店铺中看到过大理扎染小手帕在日本做的精巧包装。的确，日本的营销学战略在打造商品市场方面起了重要的作用，一向以精明著称的日本人也把现代营销学中重视物品精致包装的理念用于传统土特产品的包装，其运用也是颇为成功的，做工考究的各种传统食品及土特产品，再配以精巧、便利的包装，更是锦上添花。这种重视物品包装的意识和具体做法也是值得我们学习及借鉴的。扎染制品包装滞后的问题必须引起重视，并寻求解决的途径。

5. 扎染的脱色问题

用植物染料浸染的扎染布，都存在着不同程度的脱色问题，工艺上如何解决，至今还没有结果。这也是周城民族扎染厂多年科技攻关的一个重要难题。由于扎染制品普遍没有包装和相关内容的说明书，因而对扎染脱色所导致的负面因素不可轻视。不少顾客看中的是扎染土布特有的韵味和飘逸，出乎意外地严重脱色，令人十分扫兴。特别是扎染布制作的服饰，不用说洗涤，仅仅是出汗也竟会将内衣内裤染色，顾客购买后惊呼上当，扎染布的声誉被打了折扣。扎染采用纯棉布料制作，透气性能较好，布料上的纹样又富有独特的韵味，再加上植物染料特有的清热解毒的功效，有益于人体的肌肤，在用于服饰的开发方面是大有发展潜力的。但脱色的负面影响，极大地制约着这方面的开发。扎染脱色问题的解决，既要关注现代科技的运用，也可深入挖掘白族民间在处理土法染布脱色方面的知识和智慧，还可以借鉴其他民族这方面的经验。另外，在脱色技术问题没有完全解决前，销售扎染时附上相关内容的说明是十分必要的，可在一定程度上避免脱色给消费者带来的不必要损失。

清代乌拉特蒙古族妇女头饰调研

苏婷玲[*]

在长期的历史发展中，蒙古族形成了名称不同、数量众多的族群部落。因其部落归属不同，蒙古族服饰在穿着习俗、文化审美等方面也形成了地域性差异。明清以来，由于历史、政治和地域的原因，蒙古族各部落和盟旗的服饰尤其是头饰有了较大的差异，成为区别部落与盟旗的重要标志之一。但近五十年来，由于社会的迅速发展带来的影响，各盟旗蒙古族妇女头饰趋于消失，清代各盟旗蒙古族妇女头饰的式样和所含的历史内容已不甚明了，成为民族文物研究中的一大难点。近年内蒙古博物院将清代蒙古族妇女头饰列为重要科研项目，逐旗进行调查、研究和复原，成果显著。现将清代乌拉特蒙古妇女头饰调查成果报告如下。

一、乌拉特部蒙古的由来

乌拉特部蒙古是蒙古族重要的部落之一，在汉文典籍中多书写为“兀鲁特”“乌噜祖”“乌鲁特”“吴鲁忒”“吴拉忒”“乌喇特”“乌喇忒”等，都是蒙古语的译音。乌拉特部蒙古与科尔沁部蒙古有密切的渊源和联系，同属元太祖成吉思汗胞弟哈布图哈萨尔后裔的一部分，蒙元时游牧于额尔古纳河一带。

到明代在兀良哈三卫及额尔古纳河、嫩江流域一带始出现以科尔沁、

* 作者单位：内蒙古自治区博物院。

乌鲁特为号的诸蒙古部落，时以科尔沁为号，时以科尔沁、乌鲁特为号，如哈萨尔之裔奎孟克塔斯哈喇、明安均为乌鲁特部领主或部长，以后哈萨尔之裔布尔海又号乌拉特部部长。

至明末，原号称科尔沁的诸部落，除嫩科尔沁以外，随着游牧迁徙，逐渐形成西至贝加尔地区、东至黑龙江中游地带的游牧地域。其中布尔海部长的子孙，游牧于额尔古纳河与石勒喀河之间，是势力较强的蒙古部之一。后来后金兴起，科尔沁诸部逐渐归附后金，乌拉特亦归附后金，成为后金的北方属部。

后金天聪六年（1632），后金征服蒙古察哈尔诸部，称雄漠南，势力空前强大。其为了入关夺取全国政权，必须要有巩固的大后方和重要的兵源保证，也为了更有效地直接控制和统治北方“内附”蒙古诸部，则强迫这些驻牧原地的各部向南迁移。乌拉特蒙古于此时迁到呼伦贝尔一带。

乌拉特部由石勒喀河与额尔古纳河一带被迫南迁呼伦贝尔草原的第二年（1634），据《清史稿》载，即从大军征明，接着征伐朝鲜、喀尔喀及明山海关内外。可以说在清朝开国的过程中，乌拉特部蒙古是屡屡从征，屡立战功，所以倍受清太宗皇太极赏识。1636 年，皇太极登基大典中所定蒙古二十四部、四十九个旗中，乌拉特就是其中之一部。

清顺治五年（1648），清廷以军功封赏，将河套北，阴山、狼山、乌拉山之间的土地，赐给乌拉特部为牧场。顺治六年（1649）乌拉特部在首领图巴率领下由呼伦贝尔草原迁徙该地区驻牧，乌拉特部改编为乌拉特前、中、后三旗。乌拉特三旗中的前旗位于黄河北岸靠南，约于乌拉山前后；中旗位于狼山后，前旗的西北方；后旗位于阴山后，前旗的东北方。三旗域界以习惯天然山川为界，没有特设明显标志，自称为一家，会于乌兰察布盟。其东接茂明安旗，南与伊克昭盟交界，西同阿拉善厄鲁特旗相连，北与喀尔喀蒙古相邻。领地长约 215 里，宽约 300 里，为漠南水草丰美之地。

乌拉特部蒙古在清代二百余年间，世代生活在乌拉特三旗驻牧地中，不但继承和发展了蒙古族游牧文化，而且形成了具有地域特征的新的蒙古族文化，是清代蒙古族文化中的重要一支，而其妇女头饰艺术则是部族重要的标志之一。

二、乌拉特蒙古族妇女头饰型制

乌拉特三旗蒙古妇女头饰型制大略相同，没有旗属之别。其分为中老年（四十岁以上）、青年（已婚少妇）、姑娘（未婚）三种类型。

（一）乌拉特中老年蒙古妇女头饰

乌拉特中老年蒙古妇女头饰，主要由头箍饰、额顶饰、脑后饰、鬓侧流苏饰、发箍饰等五个部分组成。中老年妇女头饰无彩色艳丽的额前流苏和耳侧流苏饰。

头箍饰：饰于头围。呈环形带状，以数层布粘合成袼褙做底衬，其表面以青色缎包裹。围带宽约 3.2 厘米，直径约 23 厘米，与头围周长相吻合。头围带上钉缀嵌一周红珊瑚银饰托，可分三种：一为圆形錾花掐丝云纹银托，直径约 2.5 厘米，厚约 0.9 厘米，计 15 个，其錾花银托中间镶嵌半圆体红珊瑚，直径 0.7 厘米；二是在围箍正中饰一个较大的嵌三粒红珊瑚珠的錾花银托，正好饰在额前双眉之上，银托呈桃形，长约 2.5 厘米，宽约 3.2 厘米，红珊瑚直径 0.9 厘米，珊瑚珠之上嵌二枚叶形绿松石，整体看似一串鲜艳的果实在额前闪耀，十分华丽；三是在前额圆形錾花银托之间镶嵌 6 个长 3.2 厘米、宽 2.4 厘米金刚杵形银托座，其上镶嵌长 1.1 厘米、宽 0.9 厘米的柱形红珊瑚，美观庄严，具有宗教含义。整个头箍是头饰的中心骨架，也是头饰的中心饰件。

额顶饰：饰在头箍之上。近似椭圆扁叶形，边为花瓣状，长约 13.3 厘米，中间最宽处约 7.6 厘米，两端最窄处约 2 厘米。顶饰上镶嵌红珊瑚、绿松石拼成的花叶图案，银掐丝工艺为托座。从整体来看银丝捧红花绿叶，十分美丽。额顶饰两端缝于青缎头箍上，居于整个头饰的中心位置。

脑后饰（头饰后帘）：附饰于脑后部。外形呈倒凸形，布裱袼褙做底衬，青缎为面，其通长约11厘米、宽约8厘米。其上主体钉缀长2.4厘米、宽1.5厘米的长条形梅花状银托座，分为四排，前三排每行为12个，第四排为9个，在每个托座上钉缀一粒长1.2厘米、宽0.9厘米的珊瑚柱，两侧为长条形掐丝镂空卷云纹银饰，长11厘米、宽3厘米，其上钉缀红珊瑚和绿松石珠，其最大粒直径1.2厘米、厚0.4厘米。两端掐丝镂空卷云纹银饰下部接长条形黑布装饰带，长约13厘米、宽约2.5厘米，其上钉缀边长约2.1厘米的正方形梅花状银托座，两侧各有9个，装饰带由脑后饰连体延伸，由后向前系，每一个银饰托中间钉缀大粒珊瑚柱，长1.2厘米、宽0.9厘米。两侧系带底端有银质系扣，起到固定头饰和颈前装饰作用。

髻侧流苏饰：系于鬓角两侧，通长约45厘米。其上部银饰造型从整体上看似飞翔状蝴蝶，蝴蝶长约5.8厘米、宽约3.8厘米、厚约0.8厘米；上镶直径2.4厘米至1.8厘米红珊瑚珠和绿松石珠，其图案造型为“日”“月”“火焰”等。蝴蝶银饰之下垂系五条流苏，由红珊瑚珠、绿松石珠及银珠串间隔穿成五段，下坠蝙蝠形银饰帽，内衔桃形松石坠，在蝙蝠形银帽两边下连锁链坠，中间饰鲤鱼和银铃。流苏在鬓角两侧随头的转动而飘摆，响声清脆。

发箍饰：垂饰于脑后两侧。形如鸟首，长约8.5厘米、宽约4.9厘米、厚约3.4厘米。发箍仍以袼褙做底衬，内外包裹青缎，其由三片袼褙缝合，一侧留口，在青色的袼褙衬上钉缀银饰片，上镶嵌半圆形红珊瑚、绿松石珠，其拼成图案似凤鸟的头、眼、嘴，围绕银饰片外缘钉缀红珊瑚珠，更突出鸟首的立体形象。开口处是放置发髻的，在边缘两头处有红珊瑚绿松石珠作扣系，以固定发髻之用。其发箍，应是元代妇女发髻的演变或是延续，元代蒙古妇女的发髻是由多根发辫卷起坠在耳后。

（二）乌拉特青年蒙古妇女头饰

乌拉特已婚青年蒙古妇女头饰比老年蒙古妇女头饰繁杂多变，主要由头箍饰、额前流苏饰、额顶饰、脑后饰、鬓侧流苏饰、耳侧流苏饰、发箍饰等七个部分组成。从总体看，青年妇女头饰比中老年妇女头饰要多出额前流苏饰和耳侧流苏饰，更显其华贵而庄重。

头箍饰：同中老年妇女，只是上面装饰物的大小略有不同，宝石的质量较精致。在头箍两耳后各有一条系带，长约 10 厘米、宽约 2.6 厘米黑缎制成；上钉缀银掐丝镂空银托，长 7.5 厘米、宽 2.4 厘米，托上镶嵌红珊瑚绿松石珠各三粒，直径 0.8 厘米。系带围于脑后，起固定头箍作用。

额前流苏饰：呈网络流苏状，与头箍连为一体，垂于前额，其上部为小珠穿成的网络状，长约 1.4 厘米、宽约 15～16 厘米，主要是依据每个妇女额面宽窄而定；一般用直径 0.2～0.4 厘米的珍珠或银珠穿成网络状（分 1、2、3 粒银珠或珍珠交叉穿串合成，珠子越多所形成的网格距离越大）。下部为银珠或珍珠串成流苏，流苏长约 2.5 厘米，一条额帘流苏上所穿珠子一般多为奇数，如 19、21、23、27 颗不等，每条流苏下端垂红珊瑚或绿松石坠，形状多为水滴形或圆柱形，其长 1～1.5 厘米，直径 0.5～0.7 厘米，每个红珊瑚柱上扣五叶喇叭形银帽。额前流苏整体呈雁翅形（亦如倒写的“人”字形），随人体的走动来回飘摆，起着装饰额面的作用，成为妇女额眉间的视景线，更加突出了青年妇女，特别是新婚女子的艳美及神采。

额顶饰：与中老年有所不同，额顶饰与头箍分体，与脑后饰连成一体。额顶饰由三片银掐丝珐琅彩银饰组成，其中间大，两边小，中间饰片呈花瓣椭圆形，长约 16 厘米，宽约 5 厘米，上饰三朵梅花，花瓣微向上翘起，花芯为红珊瑚珠。两边较小的银饰片呈蝙蝠状，长约 4.7 厘米，宽约 3.1 厘米，蝙蝠的头、身及双翅匀称而优美，其上施红、蓝、绿几种不同颜色的珐琅彩，其间呈浮雕状银掐丝缠枝花纹。

脑后饰（头饰后帘）：近似长方倒梯形，附饰于脑后部。上宽约 20 厘米，下宽约 18 厘米，高约 6.5 厘米。脑后饰的形制略同于中老年妇女头饰，只是尺寸大小稍有差别。其两侧各有一条系带，系在颈前，为固定额顶饰之用。上面的装饰物与中老年妇女相同。

鬓侧流苏饰：同中老年妇女。在蝴蝶形银饰下，垂 6 条流苏，由红珊瑚、绿松石、银珠串间隔成四段，平均每段长约 4～6 厘米，每个珊瑚珠直径0.6~0.8厘米，银珠直径0.2厘米。下端为蝙蝠形银饰帽，内衔长1.5厘米、宽1.2厘米桃形松石坠，在银帽两侧系银链，银链中端衔鲤鱼和梅花片造型的银饰物，银链末端坠树叶形银片和铃铛。

耳侧流苏饰：形状略同鬓侧流苏式。挂于头箍之下耳侧，是头饰的主要饰件，其由银饰、银珠、红珊瑚珠、绿松石珠等组合成耳侧流苏，通长约65厘米。主要分三大部分，上部为一花篮形挂钩，中部为一大耳环形银镶宝石的饰件，下部接珠石串流苏。其上部花篮形挂钩，为银质底托座，长约4厘米、宽约4.3厘米；中间镶嵌直径1.5厘米半圆形红珊瑚，在红珊瑚边镶嵌长1.3厘米、宽0.7厘米叶形绿松石。在花篮两边各系两条短流苏，其分为五段；每段流苏中部穿8粒红珊瑚珠、粒绿松石珠，直径0.6厘米；从两条红珊瑚珠串下部分为四条银珠穿成的流苏串，其银珠直径0.2厘米，下部由四条银珠串再合并成两条珊瑚珠串；每串流苏下端垂蝙蝠形掐丝银帽，帽内衔桃形绿松石坠，在银帽两侧系银链，银链中间垂鲤鱼形饰片等。在花篮之下用丝线绳穿直径1.6厘米的红珊瑚珠两粒，中间为一长方形的松石块，长2厘米、宽1.4厘米、厚0.6厘米，为系耳侧流苏之用，下与大耳环饰件衔接。大耳环饰物为银质，长约5.3厘米、宽约3.5厘米、厚约4.9厘米；上镶嵌半圆红珊瑚珠、绿松石叶片，从整体看图案似火焰状。在大耳环饰物之下有三条直径0.2厘米银丝，每一条银丝穿四粒长1.2~0.9厘米，宽0.8~0.6厘米红珊瑚、绿松石珠，在每一粒珠之间隔喇叭形银托座，其下部连接一个长方形银饰盒，盒长约6厘米、宽约4厘米、厚约1厘米，其中间莲花座镶嵌半圆形红珊瑚珠，周围为掐丝镂空如意纹，边缘为银丝辫纹。在银盒之下系五条流苏，以红珊瑚、绿松石、银珠间隔成五段，每段距离长约4~6厘米，在流苏下垂有鲤鱼、寿桃、树叶和铃铛等饰物。

耳侧流苏显然要比鬓侧流苏精美、厚重，长度远远超过鬓侧流苏。在我们调查乌拉特头饰中，一位77岁姓付的老人说："流苏的长短是一个家庭贫富的标志，流苏越长头饰越华贵，最长可到膝下，走起路来，左右摆动，有清脆之声，是乌拉特妇女头饰中最具代表性，也是最引人注目的饰件。"

发箍饰：已婚青年妇女发箍同老年妇女的发箍没有太大的变化，只是上面的装饰物略大一些，其他基本一样。

（三）乌拉特蒙古族姑娘（未婚）头饰

乌拉特姑娘一般在3至5岁时扎耳孔，其季节选在清明节前后，这和气候有一定的关系，太冷怕冻，太热容易感染。扎耳孔的方法是要找一位面有福相的老年妇女，用小米或炒米在耳垂上捻，捻到耳垂很薄很薄直至穿孔，再用狗尾毛数根捻成绳穿过耳垂孔，每天来回活动一下，3～5天就会痊愈，用狗尾的毛扎耳孔不会感染，这是在调查乌拉特头饰时付老太太讲的。姑娘到7至8岁时戴耳环，家庭富有的一般戴银耳环较多，也有的以银丝穿珊瑚松石珠串坠在耳朵上。到13岁时姑娘开始梳独辫，在独辫上戴一件装饰物。到16至18岁开始梳长辫，富有人家戴较简单的头饰，其由红珊瑚、绿松石穿成32串，固定在一条2厘米宽的黑色布质头箍上，坠于额前，头箍两边系带，打结在脑后，另戴一顶圆帽。一般人家只是戴头巾或是角巾，质地多为绸、麻，颜色多为粉、红、绿等。

三、总结认识

依据历史资料、调查口述资料和对头饰的研究，下面谈几点认识。

1. 乌拉特蒙古族妇女头饰，在清代各盟旗蒙古族妇女头饰中自成一个系统。

在型制上与其他盟旗比较有着明显的差别。如与南邻的鄂尔多斯蒙古族妇女头饰比较，外形略似，却没有最突出的发饰特征。再如与东邻的察哈尔蒙古族比较，外形略近，脑后饰却有极大不同。至于同稍远的科尔沁、扎赉特、巴尔虎等部蒙古妇女头饰比较，则在外轮廓形制上有着根本的区别。可见蒙古族妇女头饰，有清一代，由于政治的原因，各盟旗间封闭、封锁，使之各自独立发展，又有相邻的微弱影响，已经具有了一种地域文化的特征。

2. 在清代乌拉特蒙古妇女头饰中，包含蒙古的崇尚喜好，充分体现了他们的审美价值取向。

如头饰的制作原料和颜色，主要由石青布缎（黑）、珊瑚（红）、银（白）、金（黄）色组成。这是全体蒙古族自古以来就崇尚的颜色，是蒙古族的共同喜好，并不单纯是乌拉特蒙古部的喜好风尚。这说明对于一个民族，在一个更大的地域环境中，形成的历史传统和文化风尚，是民族普遍推崇的共性特征。在这个大的地域和大的文化传统之下，才是局部的特征或小地域的特征。否则就难以构成大的民族共同体以及民族共同体之下的分支部落。

3. 清代乌拉特蒙古族妇女头饰，具有丰富的民俗思想和宗教思想。

如头饰中镶嵌的珊瑚，有的雕成日形，有的雕成月形，亦有山形、火形等等，这与蒙古族自古以来的萨满教崇拜有关。又如银托座做成莲花形、金刚杵形或法轮形，这又受喇嘛教的深刻影响。再如饰物做成鱼形、蝙蝠形、寿字、喜字等，则是中原汉族常用的吉祥图案，是汉文化渗入的反映。复如饰物上的珠子多为奇数，有 3、9 或是 3、9 的倍数等，这是蒙古族长期形成的民族吉数，以九为大。整个头饰就是一部民族思想观念的综汇大成。

4. 清代的乌特拉蒙古族妇女头饰，也是清代蒙古社会经济形态的反映。

一般说富贵人家的头饰做得豪华，多以金银为饰，而普通人家则做得简略，以银为饰，珊瑚的颗粒也会偏少偏小。无论是富贵人家或一般人家，都以牛、羊换取金银、珊瑚或其他玉石质料来加工头饰，基本上是一种以物易物的形式，极少货币交换形式。金、银工匠既有汉人也有蒙古人，是专门的行业，他们将加工的金银饰或加工的珊瑚珠宝，出售给蒙古族，再由蒙古族带回家中由妇女自行加工组合成头饰，这是一种专门行业与家庭手工业的结合，也是蒙古族妇女聪明才智的体现。

乌拉特蒙古族妇女头饰，尚有许多细节需要深入研究，如头饰的制作方法及家传形式、头饰的佩戴方法及民俗规矩等，都具有十分深刻的历史内容，都需要进行更深入的调查与研究。

清代的吉服制度

钟凤莹*

在有清一代的服饰中，按其用途分可分为六大类，即朝服（礼服）、吉服、常服、行服、雨服、便服。吉服是其中的一大类，是由吉服袍和吉服褂等组成。吉服袍和吉服褂，在我国古代，皆属于吉服，是吉服中的一部分。在清代，吉服袍和吉服褂为上至帝后妃嫔，下至文武百官及命妇在举行筵燕、迎銮、庆寿等一应嘉礼及某些吉礼、军礼活动之时所穿的袍、褂，故称之为吉服袍、吉服褂。清代的吉服袍、吉服褂与其他服饰一样，亦有一个建立、发展和完善的历史过程。

一、清代吉服制度的建立与发展

上下有别，等威有序。定礼之大者，莫要于衣冠。衣冠是等威有序，上下有别的统治阶级等级观念的具体体现，是统治阶级统治人民、压迫人民的重要工具之一，它不仅受到了历代统治阶级的高度重视，同时也受到了历代各阶层人士的关注。清代的吉服袍和吉服褂制度，也和其他服饰一样，早在天命年间就已着手制定，规定只有君主才能穿黄袍，用五爪龙纹，自贵妃以下，概不许穿着。至崇德时，又开始拟定亲王以下至文武官员、公主乡君、皇子福晋至民公夫人及命妇等的冠服诸制。到顺治时，在天命、崇德的基础上，对王公文武百官的冠服又做了进一步的调整和补

* 作者单位：中国工艺美术协会。

充，进一步完善了清代的服饰制度。顺治元年（1644）规定：诸王服，只许用五爪四团龙。顺治九年又规定：亲王，服用五爪四团龙补，五爪龙缎，满翠四补等缎；亲王世子，服与亲王同；郡王，服与亲王同；贝勒，服用四爪两团蟒补及蟒缎、妆花缎；贝子，服与贝勒同；镇国公，服用四爪方蟒补；辅国公，服与镇国公同。镇国将军补服绣麒麟；辅国将军，补服绣狮；奉国将军，补服绣豹；亲王嫡妃，服用翟鸟四团龙补，五爪龙缎、妆缎、满翠四补等缎；侧妃服与嫡妃同；亲王世子嫡妃，服如亲王侧妃，其侧妃，服与嫡妃同；郡王嫡妃，服与世子侧妃同，其侧妃，服用蟒缎、妆缎、各色花素缎；贝勒嫡夫人，服如郡王侧妃，其侧夫人，服与嫡夫人同；贝子嫡夫人，服与郡王侧妃同；其侧夫人，服与嫡夫人同；镇国公嫡夫人，服与贝子夫人同，其侧夫人，服与嫡夫人同；辅国公夫人，服与贝子夫人同；其侧夫人，服与嫡夫人同；固伦公主，服用翟鸟五爪四团龙补，五爪龙缎、妆缎、满翠四补等缎；和硕公主，服与固伦公主同；郡主，服与和硕公主同；县主，服用蟒缎、妆缎、各样花素缎；郡君，服与县主同；县君，服与郡君同；镇国公女乡君，服与县君同；僧道服，袈裟、道服外，许用绸绢纺丝素纱各色，布袍用土黑、缁黑二色。康熙三年，又对吉服褂的纹饰作了调整，改为“三品用豹，四品用虎”。清代的吉服袍、吉服褂制度，从天命时创立，历经顺治、康熙、雍正三个朝代的不断修订、补充、完善，至乾隆时已发展得十分完备。

二、清代的吉服袍制度

“衣冠乃一代昭度，夏收殷冔，不相沿袭。凡一朝所用，原各自有法程，所谓礼不忘其本也。”吉服袍，即帝后君臣在举行筵燕、迎銮、庆寿等三大节一应嘉礼之时所穿的礼袍，又名“嘉服”或“龙袍”“蟒袍”。帝后君臣的吉服袍，按《大清会典》的规定，不仅其底色有一定的区别，而且其袍上皆织、绣有符合其身份等级的图纹，以其底色和图纹来区分远近亲疏、等级的高低。《大清会典》里规定：皇帝、皇太后、皇后、皇贵妃的吉服袍，皆以龙为章，故称龙袍；贵妃、妃、嫔、皇子、亲王、亲王世子、郡王及其各位福晋、固伦公主、和硕公主、郡主、县主的吉服袍，皆以五爪蟒纹为章，故名蟒袍；贝勒以下至文武八九品、未入流官员及贝勒夫人以下至七品命妇的吉服袍，皆以四爪蟒纹为章，故亦名蟒袍。帝后君臣的吉服袍也和朝袍一样，亦分为男吉服袍和女吉服袍。

（一）男吉服袍

男吉服袍，亦指皇帝、皇子、王公文武百官在“筵燕、迎銮”等一应嘉礼及某些吉礼和军礼之时所穿的圆领、马蹄袖、上衣下裳相连属的右衽窄袖紧身直身袍。其裾（开气），凡宗室皆为前后左右四开，其余皆为前后两开。男吉服袍皆无接袖，其制度皆为一种，不分冬夏，唯有单、夹、棉、裘之分。

男吉服袍，按《大清会典》的规定，皇帝的吉服袍色用明黄。皇子的吉服袍色用金黄。皇孙、皇曾孙、皇元孙等的吉服袍色用蓝或酱。亲王、亲王世子、郡王的吉服袍，除金黄色不得用之外，余色皆随所用。贝勒、贝子、固伦额驸下至文武九品及未入流官员的吉服袍，色皆用蓝和石青。其织、绣图文：皇帝的吉服袍，其上织、绣五爪金龙纹十六条。其中正龙八，行龙八。其分布：两肩前后、领前后及马蹄袖正龙各一，襟行龙四，底襟、领左右及大襟边行龙各一。周身并列有十二章，间饰五彩云蝠等纹。下幅为八宝平立水江崖等纹饰。皇子、亲王、亲王世子和郡王等的吉服袍，其上均织、绣五爪金蟒纹十六条。其中正蟒六，行蟒十。其分布为：前后胸、领前后及马蹄袖正蟒各一，襟行蟒四，两肩、底襟、领左右及大襟边行蟒各一条，并间饰五彩云蝠等纹。下幅为八宝平立水江崖等纹饰。贝勒、贝子、固伦额驸下至文武三品官、奉国将军、郡君额驸、一等侍卫的吉服袍，其上皆织、绣四爪金蟒纹十六条。其中正蟒八，行蟒八。其分布于两肩前后、领前后及马蹄袖正蟒各一，襟行蟒四，底襟、领左右及大襟边行蟒各一。其间间饰五色云蝠等纹饰。下幅为八宝平立水江崖等纹饰。贝勒以下、民公以上者，有赐五爪蟒者，亦得用之。文武四品官、奉恩将军、县君额驸、二等侍卫下至文武六品官及蓝翎侍卫等的吉服袍，其上俱织、绣四爪金蟒纹十五条。其中有正蟒六，行蟒九。其分布于：

前后胸、领前后及两袖袖端皆正蟒各一，襟行蟒四，两肩、领左右及大襟边行蟒各一条，底襟无纹饰。其间亦间饰五彩云蝠等纹。下幅为八宝平立水江崖等纹饰。文武七品官及文武八、九品和未入流官员的吉服袍，其上全织、绣四爪金蟒纹十二条，其中有正蟒四条，行蟒八条。其分布于：领前后及两袖袖端皆正各一，前胸行蟒一，襟行蟒四，领左右及大襟边行蟒各一，底襟及两肩后背均无纹。其间亦间饰五色云等。下幅为平立水江崖等纹饰。此为君臣吉服袍的不同之处。其相同之处为，皇帝大臣的吉服袍，领袖俱为石青色，其袍边均为片金缘。皇帝大臣的吉服袍，有棉、夹、纱、裘四种。其棉吉服袍，是皇帝君臣于秋季；皮吉服袍，是皇帝君臣于冬季；夹吉服袍，是皇帝大臣于春季；纱吉服袍，是皇帝大臣于夏季里“筵燕、迎銮”等喜庆日子里及某些吉礼、军礼之时所穿的礼袍。

（二）女吉服袍

女吉服袍，亦指皇太后、皇后、妃嫔及以下福晋、夫人、淑人、恭人、公主及命妇等在“筵燕、迎銮”等一应嘉礼及某些吉礼之时所穿的圆领、马蹄袖、上衣下裳相连属的右衽窄袖紧身直身袍。其裾，皆为左右两开。女吉服袍皆有接袖，这是女吉服袍有别于男吉服袍的重要标志之一。其制度亦由于穿戴人的身份不同而各异。皇太后、皇后的吉服袍，其制度有三。皇贵妃以下的吉服袍，其制度皆为一种。上至皇太后，下至七品命妇的吉服袍，均不分冬、夏，其制度皆同，只是应其节，而更换不同质地的绸、缎、缂丝、纱和单、夹的棉、裘袍而已。

女吉服袍，按《大清会典》的规定，皇太后、皇后、皇贵妃的吉服袍，其色用明黄。贵妃、妃的吉服袍，其色用金黄。嫔、贵人、皇子福晋、亲王福晋、亲王世子福晋、郡王福晋、固伦公主、和硕公主下至县主的吉服袍，其色俱用香色。皇孙福晋、皇曾孙福晋、皇元孙福晋的吉服袍，其色红、绿颜色各随其所用，唯不准用金黄和香色。贝勒夫人下至民公侯伯子男夫人，郡君下至乡君、奉国将军淑人、奉恩将军恭人及命妇的吉服袍，其色蓝及石青诸色随心所欲。其女吉服袍上的织、绣图纹：皇太后、皇后的吉服袍制度一，其上织、绣五爪金龙纹二十条，其中正龙八，行龙十二。其分布：两肩前后、领前后及马蹄袖正龙各一，襟行龙四，底襟、领左右及大襟边行龙各一，接袖行龙各二。间饰五色云蝠等纹饰。下幅八宝平立水江崖等纹饰。皇太后、皇后的吉服袍制度二，其袍上皆织、绣五爪金龙八团。其分布：两肩前后正龙各一团，襟行龙四团，前后各两团。余制与其制一皆同。皇太后、皇后的吉服袍制度三，其袍上均织、绣五爪金龙八团，其袍下幅无八宝平立水江涯纹饰。余制俱与制度二相同。皇贵妃的吉服袍，其上织、绣纹饰皆与皇太后、皇后的吉服袍制度一相同。贵妃、妃、嫔、贵人、皇子福晋、亲王福晋、亲王世子福晋、郡王福晋、皇孙福晋、固伦公主、和硕公主、郡主、县主的吉服袍，其上皆织、绣五爪金蟒纹二十条，其中正蟒八，行蟒十二。其分布：两肩前后、领前后及马蹄袖正蟒各一，襟行龙四，底襟、领左右及大襟边行蟒各一，接袖行蟒各二。间以五色云蝠等。下幅八宝平立水江涯等纹饰。贝勒夫人下至民公侯伯子男夫人，镇国将军夫人、辅国将军夫人、奉国将军淑人及郡君、县君、乡君和一、二、三品命妇的吉服袍，其上俱织、绣四爪金蟒纹二十条，其中正蟒八，行蟒十二。其分布：两肩前后、领前后及马蹄袖正蟒各一，襟行蟒四，底襟、领左右及大襟边行蟒各一，接袖行蟒各二。间以五色云蝠等纹。下幅八宝平立水江涯等纹饰。奉恩将军恭人、四、五、六品命妇的吉服袍，其上均织、绣四爪金蟒纹十九条，其中正蟒八，行蟒十一。其分布：两肩前后、领前后及马蹄袖正蟒各一，襟行蟒四，领左右及大襟边行蟒各一、接袖行蟒各二。间以五色云等。下幅八宝平立水江涯等纹饰。七品命妇的吉服袍，其上则织、绣四爪金蟒纹十六条，其中正蟒四，行蟒十二。其分布：领前后及马蹄袖正蟒各一，过肩行蟒一，襟行蟒四，领左右及大襟边行蟒各一，接袖行蟒各二，间饰五色云等，下幅八宝平立水江涯等纹饰。女吉服袍的底色和图纹，皇太后下至七品命妇的吉服袍，领袖俱为石青色，其袍边皆沿以石青色片金缘。其吉服袍，有棉、夹、单、裘四种。棉吉服袍，则是皇太后下至七品命妇于秋季；皮吉服袍，则是皇太后下至七品命妇于冬季；夹吉服袍，则是皇太后下至七品命妇于春季；单吉服袍，则是皇太后下至七品命妇于夏季里“筵燕、迎銮”

等一应嘉礼及某些吉礼时所穿的礼袍。

（三）吉服袍的应用场合

《大清会典》里不仅对吉服袍的用色、图纹有着严格的规定，就连其如何穿用亦做了详细的说明。例如其中记载的："皇子、皇孙指婚礼，福晋父蟒袍补服，诣乾清门东阶下北面跪听宣旨。指婚后择日，皇子往见福晋父母。成婚前一日，福晋家以妆奁送皇子宫。届日，皇子蟒袍补服，诣皇帝、皇后前行礼。若妃、嫔所出，并于妃、嫔前行礼。"还如："祭日，御龙袍衮服，行三跪九拜礼。随驾之王公大臣侍卫文武三品以上，地方官文官知府以上，武官副将以上及衍圣公五氏现在官职者，俱斋戒一日，穿蟒袍补服陪祀，其不斋戒之文武各官及地方官员，于圣驾往还时，穿蟒袍补服在行宫旁跪迎送。皇帝时巡亲祭历代帝王陵寝礼节，祭日，御龙袍衮服。扈从大小官员及守土文官知府、武官副将以上，咸蟒袍补服，会集陪祀。不陪祀各官，咸蟒袍补服跪候送迎。"《大清会典》关于吉服袍应用场合的记载还很多，在此就不再多举例了。

三、清代的吉服褂制度

吉服褂，即为帝后君臣在举行"筵燕、迎銮"等一应嘉礼及某些吉礼和军礼之时穿在吉服袍外面或单穿的礼褂，又名"龙褂"或"补褂"。按《大清会典》的规定，帝后君臣的吉服褂，皆为石青色，在石青色面料上织、绣符合其身份地位的图像徽识"补子"。其补子有圆补和方补。皇帝、皇子、亲王、亲王世子、郡王、贝勒、贝子、固伦额驸及皇太后下至七品命妇的吉服褂，皆为圆形补；镇国公、辅国公、和硕额驸、民公侯伯、都御史、副都御史、给事中、监察御史、按察使、镇国将军、郡主额驸、子、辅国将军、县主额驸、男及文武百官的吉服褂，皆为方形补。在圆补和方补中又因其地位、身份之不同，而补纹各异，以其补纹来识别其尊卑贵贱高低。其补纹有龙、蟒、夔龙、禽、兽、花卉几种。皇帝、皇太后、皇后、皇贵妃的吉服褂，则以龙为章，故称之为龙褂；其余男吉服褂，亦称补褂；而女吉服褂皆亦称吉服褂而无别名。贵妃、妃、嫔、皇子、亲王、亲王世子、郡王及皇子福晋、亲王福晋、亲王世子福晋、郡王福晋、固伦公主、和硕公主、郡主、县主的吉服褂，以五爪蟒纹为章；贝勒、贝子、固伦额驸、镇国公、辅国公、和硕额驸、民公侯伯及贝勒夫人、郡君、贝子夫人、县君的吉服褂，皆以四爪蟒纹为章；镇国将军、郡主额驸、子以下至八、九品武官的吉服褂，则以兽为章。文一品官下至文九品及未入流小官的吉服褂，则以禽为章；贵人的吉服褂，则以夔龙为章；皇孙的吉服褂，则以螭纹为章。皇曾孙、皇元孙、皇孙福晋、皇曾孙福晋、皇元孙福晋及乡君、镇国公夫人下至七品命妇的吉服褂，则以花卉为章。"尊卑有序，上下有别"，帝后君臣的吉服褂，从底色至补纹均有着严格的规定，品级明显，严格而有序。帝后君臣的吉服褂和其吉服袍一样，亦分为男吉服褂和女吉服褂。

（一）男吉服褂

男吉服褂，即为皇帝君臣于"筵燕、迎銮"等一应嘉礼及某些吉礼和军礼之时套在吉服袍外面或单穿的圆领、对襟、平袖紧身窄袖的礼褂。其制度上至皇帝，下至未入流的小官皆为一种。皇帝的吉服褂，又名龙褂，其上织、绣五爪正面金龙四团，两肩前后各一团，并施有日、月二章，或日、月、星辰、山四章。乾隆以前，多为两章，嘉、道以后，多为四章者。其章为左肩日、右肩月、前星、后山，间以五色云等。皇子的吉服褂，其上织、绣五爪正面金蟒四团，两肩前后各一团。亲王、亲王世子的吉服褂，其上织、绣五爪金蟒纹四团，两肩前后各一团，两肩为行蟒，前后为正面坐蟒。郡王的吉服褂，其上织、绣五爪行蟒四团，两肩前后各一团。贝勒、皇孙的吉服褂，其上织、绣四爪正蟒二团，前后各一团。皇曾孙、贝子、固伦额驸的吉服褂，其上织、绣四爪行蟒二团，前后各一团。皇元孙、镇国公、辅国公、和硕额驸、民公侯伯的吉服褂，其上织、绣四爪正蟒二方，前后各一方。并规定："民公以下，有顶戴官员以上，禁止穿五爪、三爪蟒缎。赐者许服之。"文一品的吉服褂，其上织、绣云鹤方补二。文二品的吉服褂，其上织、绣锦鸡方补二。文三品的吉服褂，其上织、绣孔雀方补二。文四品的吉服褂，其上织、绣云雁方补二。文五品的吉服褂，其上织、绣白鹇方补二。文六品的吉服卦，其上织、绣鹭鸶方补二。文七品的吉服褂，其上织、绣鸂鶒方补二。文八品的吉服褂，其上织、绣鹌鹑方补二。文九品及未入流小官的吉服褂，其上皆织、绣练雀方补二。武一品，镇国将军、郡主额驸、子的吉服褂，其上织、绣麒麟方补二。武二品，辅国将军、县主额驸、男的吉服褂，其上织、绣狮方补二。武三品，奉国将军、郡君额驸、一等侍卫的吉服褂，其上织、绣豹方补二。武四品，奉恩将军、县君额驸、二等侍卫的吉服褂，其上织、绣虎方补二。武五品，乡君额驸、三等侍卫的吉服褂，其上织、绣熊方补二。武六品，蓝翎侍卫的吉服褂，其上织、绣彪方补二。武七品、武八品的吉服褂，其上织、绣犀牛方补二。武九品的吉服褂，其上织、绣海马方补二。都御使、副都御使、给事中、监察御使、按察使各道的吉服褂，其上皆织、绣獬豸方补二。未成年皇孙的吉服褂，其上织、绣圆寿字双螭纹二团。未成年皇曾孙的吉服褂，其上织、绣圆寿字宝相花纹二团。未成年皇元孙的吉服褂，其上织、绣瓜瓞纹二团。文武官员的吉服褂，凡织、绣两团或两方者，皆为前后各一团或一方。间饰五色云等。皇帝大臣的吉服褂，除其未成年的皇孙、皇曾孙、皇元孙之外，其用色及花纹皆如其补服。皇帝大臣的补服，是一种特殊的服饰，其既属于礼服，又属于吉服，其与朝袍套穿时，则属礼服，称为补服，与龙袍蟒袍套穿时，则属吉服，称为吉服褂。皇帝大臣的吉服褂，有棉、袷、单、裘四种，则根据气候的变化而服用之。

（二）女吉服褂

女吉服褂，即皇太后下至七品命妇，于筵燕、迎銮、元旦、春节、万寿节等一应嘉礼及某些吉礼之时套在吉服袍外面穿的一种圆领、对襟、平袖紧身窄袖的礼褂。由于穿戴人的身份、地位不同，其制度亦不相同。皇太后、皇后的吉服褂，其制度皆为两种，其余人员的吉服褂，其制度均为一种。其补纹，有八团、四团、二团者不等。

补纹乃品级高低的徽识，地位尊卑的标志，所以地位不同，补纹亦有所区别。皇太后、皇后的吉服褂，其制度一：其褂上皆织、绣五爪金龙纹八团，其中有正龙四团，行龙四团。两肩前后为正龙各一团，襟为行龙四团，前后各两团。下幅为八宝平立水江崖等纹饰，袖端行龙各二，间饰五色云等纹饰。其制度二：除袖端及下幅皆不织、绣纹彩外，余制皆与其吉服褂制一相同。也就是说，其制度二的吉服褂上只织、绣五爪金龙纹八团。皇贵妃的吉服褂，其制度皆与皇太后、皇后的吉服褂制度一同。贵妃、妃的吉服褂，其上皆织、绣五爪金蟒，其中有正蟒四团，行蟒四团。两肩前后为正蟒各一团，襟行蟒四团，前后各两团。下幅八宝平立水江崖等纹饰，袖端为行蟒各二。嫔的吉服褂，其上织、绣五爪正蟒纹四团，夔龙纹四团，共八团。两肩前后为正蟒各一团，襟夔龙纹四团，前后各两团。贵人的吉服褂，其上织、绣夔龙纹八团，两肩前后各一团，襟四团，前后各两团。皇子福晋的吉服褂，其上织、绣五爪正蟒纹四团，前后两肩各一团。亲王福晋、固伦公主、和硕公主、郡主的吉服褂，其上织、绣五爪蟒纹四团，其中有正蟒纹两团，行蟒纹两团，前后为正蟒纹各一团，两肩为行蟒纹各一团。郡王福晋、县主的吉服褂，其上织、绣五爪金行蟒纹四团，前后两肩各一团。贝勒夫人、郡君的吉服褂，其上织、绣四爪金正蟒纹二团，前后各一团。贝子夫人、县君的吉服褂，其上织、绣四爪行蟒纹二团，前后各一团。镇国公夫人、辅国公夫人、乡君以下至七品命妇的吉服褂，其上织、绣花卉纹八团，前后两肩各一团，襟四团，前后各两团。皇孙福晋的吉服褂，其上织、绣圆寿字双螭纹八团，两肩前后各一团，襟四团，前后各两团。皇曾孙福晋的吉服褂，其上织、绣圆寿字宝相花纹八团，两肩前后各一团，襟四团，前后各两团。皇元孙福晋的吉服褂，其上织、绣瓜瓞纹八团，两肩前后各一团，襟四团，前后各两团。在清代，规定妇女的章服纹饰，各随其夫，所以，女吉服褂上的纹饰，多与男吉服褂的纹饰相同。女吉服褂和男吉服褂一样，亦有棉、袷、单、裘四种，随其季节的变化，则服用不同季节的吉服褂而已。

（三）吉服褂的应用场合

关于吉服褂的应用场合，《大清会典》里亦有很多记载，例如：大燕于太和殿，每岁元旦、万寿圣节由户部疏请设燕皆于太和殿。是日质明，王公百官朝服。举御筵之护军参领等蟒袍补服。伺膳尚茶，颁赐食品之执事官蟒袍咸集。陈设毕，王公百官序入，按朝班排立。礼部尚书、侍郎奏请皇帝礼服御太和殿。午门鸣钟鼓，中和韶乐作，皇帝升座。乐止鸣鞭，王公百官各于席次行一叩礼，坐。大婚礼成，赐燕亦如之。燕于保和殿，若正大光明殿，亦如之，固伦公主初定礼，成婚礼；和硕公主初定礼，皆燕于保和殿。额驸父、额驸既族中人朝服，至丹陛下立。皇子、王及大臣侍卫各就班次立。礼部尚书侍郎奏请皇帝龙袍衮服升座。赐燕于瀛台，乾隆十一年八月二十七日，赐王公宗室等一百三人入宴。届日黎明，皇子及王公、宗室俱蟒袍补服抵俟，于瀛台勤政殿宫门外恭候驾至跪迎，随行至宴次。行家人礼。皇后千秋内宴，恭遇皇后千秋，于本宫筵宴。届时，宫殿监启请皇贵妃、贵妃、嫔俱吉服，齐诣宴次，各就本位立俟。乃奏请皇后吉服升座。中和韶乐止，皇贵妃以下各就位次行一拜礼。皇后躬桑，岁季春，皇后躬桑，祭前，皇后等阅钩、筐。是日黎明，执事官咸蟒袍补服。内务府官以龙亭一载躬桑钩、筐，采亭一载从采桑钩、筐。宫殿监率蚕官令、承既内监奉钩、筐以次入内右门。陈皇后筐、钩于交泰殿中案，陈妃、嫔、公主、福晋、夫人筐、钩于左案，陈命妇筐、钩于右案，皆筐左钩右。乃奏请皇后吉服御交泰殿阅钩、筐。祭日黎明，从桑侍班公主、福晋、夫人、命妇及执事女官、蚕田、蚕妇咸蟒袍补服，豫至西苑南门内序立祗候。辰正二刻，礼部尚书，内务府总管诣乾清门奏时，巳初刻，宫殿监转奏，皇后吉服乘舆出宫，从桑妃嫔咸吉服乘舆从，诣西苑行躬桑之礼。皇帝亲征，不从征王以下文武百官，咸蟒袍补服跪送，候过兴。亲征凯旋至京，内阁宣下诸司，传告在京王公百官咸蟒袍补服郊迎。大祭斋宿、阅祝版皆穿吉服，乾隆七年谕，嗣后若遇预日应诣斋宫斋宿之祭，其阅祝版，诣斋宫，应御龙袍衮服，永著为例。嘉庆四年奏准，向例祀地于方泽，皇帝亲诣行礼，御朝服。前期一日阅视祝版，御龙褂，挂朝珠。大丧二十七月期内，遇大祭斋戒、阅祝版服饰，乾隆二年四月十六日，世宗宪皇帝升配天坛，正在二十七月期内。前期一日，高宗纯皇帝升太和殿，视祝版玉帛香，御龙褂，挂朝珠。不御衮服。嘉庆五年谕，向来每遇大祀宿坛日期，随从执事大小官员，皆穿蟒袍一日。明岁上辛祈谷，朕于正月初三日宿坛。是日，恭值皇考高宗纯皇帝二周年忌辰，例应素服，但郊坛大祀，典礼最重，朕于恭阅祝版时，仍照向例御龙袍龙褂，随侍官员，俱穿蟒袍补褂。到坛恭诣皇乾殿拈香，并应行省视各典礼，俱御龙袍貂褂。其随从及在坛内执事之大小官员，亦俱穿蟒袍，应穿貂褂者穿貂褂，应穿补褂者穿补褂。俟朕至斋宫后，大小官员，俱不必穿蟒袍，仍穿貂褂补褂，挂朝珠。是日，坛外并不陈设卤簿大驾，所有坛外执事官员，俱不必穿蟒袍，只穿补褂，挂朝珠。此外，无执事之大小官员等，俱照例穿青褂，以昭诚敬而符体制。九年又谕：嗣后袷祭太庙，前期阅视祝版，元旦、万寿告祭太庙等处，前期恭请祝版，所有执事官员，俱照常穿蟒袍补褂，毋庸加等穿用朝服。至阅视祝版，如遇朝期，亦毋庸加穿朝服。以昭画一。并著纂入会典则例，永远遵行。十九年又谕：凡祭祀斋戒期内适忌辰，其应用服色，总以祭祀为重。南郊大祀前一日，如适遇忌辰，恭阅祝版时，朕御龙袍龙褂，执事人员，均穿蟒袍补服。其余大祀，中祀前一日适遇忌辰，恭阅祝版时，朕御龙褂，执事人员，均穿补服，以昭祇肃。二十七月内逢斋戒祭祀之期服饰，嘉庆五年谕：此次孟秋时飨太庙，系派王恭代，所有斋戒陪祀之王公大臣官员，于斋戒日期内，俱著穿石青褂，挂朝珠，不带斋戒牌。初一日祭期，穿补褂，挂朝珠。此后二十七月内，逢斋戒祭祀之期，俱照此例行。另外，其斋戒期内遇朔望，皆穿补褂，挂朝珠。如祭日值朔望，礼毕后，仍穿补褂，挂朝珠。孟冬时飨如遇小建服饰，嘉庆九年奏准，嗣后孟冬时飨太庙，皇帝亲诣行礼，如遇九月小建，系二十九日，恭值孝敬宪皇后忌辰。是日，阅视祝版，皇帝御龙褂，执事官员均穿补褂，以昭诚敬。《大清会典》里像这样的记载，屡见不鲜。

四、吉服袍和吉服褂中存在的违制问题

清代的服饰制度，是根据满族统治集团的利益，按照统治者的意志建立起来的，因此，它必然随着统治者的更替和利益的需求而改变。有清一代，因各种原因而违反服饰制度的问题，从清初到清末都不同程度地存在着，尤其是清晚期，咸丰帝逝世之后，慈禧太后利用其皇帝生母的身份，

夺取了清代的军政大权。慈禧太后控制了清代的军政大权以后，为了向世人表白其尊贵身份，她不仅在其朝服织上或绣上了象征皇权的十二章纹饰，同时在其所穿的吉服袍上、吉服褂上也织上或绣上了象征皇权的十二章服纹。关于慈禧替用十二章纹饰的问题，《三织造缴回档》里记载得非常详细。例如光绪十年，江南“三织造”奉旨传办慈禧和光绪帝的龙袍、龙褂等的单据中就写道：“上用：绣明黄缎五彩十二章立水金龙袍面四件，系官样挖杭加金寿字。绣石青缎五彩十二章八团金龙立水褂面四件，加金寿字。绣明黄江绸五彩十二章立水金龙袍面四件，系官样挖杭加金寿字。绣石青江绸五彩十二章八团立水金龙褂面四件，加金寿字。明黄縴丝五彩十二章立水金龙袍面四件，系官样挖杭加金寿字。石青縴丝五彩十二章八团立水金龙褂面四件，加金寿字。透绣明黄实地纱五彩十二章立水金龙袍面四件，系官样挖杭加金寿字。透绣石青实地纱五彩八团立水金龙褂面四件，加金寿字。透绣明黄芝麻地纱五彩十二章立水金龙袍面四件，系官样挖杭加金寿字。透绣石青芝麻地纱五彩八团立水金龙褂面四件，加金寿字。明黄直径地纱纳五彩金龙十二章立水袍面四件，系官样挖杭加金寿字。石青直径地纱纳八团五彩立水金龙褂面四件，加金寿字。”“上用：绣明黄缎五彩金龙十二章龙袍面四件，绣石青缎金龙四章龙褂面四件；绣明黄江绸五彩金龙十二章龙袍面四件，绣石青江绸金龙四章龙褂面四件；明黄縴丝五彩金龙十二章龙袍面四件，石青縴丝金龙四章龙褂面四件；明黄绣实地纱五彩金龙十二章龙袍面四件，石青绣实地纱五彩金龙四章龙褂面四件；明黄绣芝麻地纱五彩金龙十二章龙袍面四件，石青绣芝麻地纱金龙四章龙褂面四件；明黄纳直径地纱五彩金龙十二章龙袍面四件，石青纳直径地纱五彩金龙四章龙褂面四件。”我们从上面两份“上用”龙袍和龙褂的织造单上看，两份织造单子虽然没有标明哪份是慈禧太后的，哪份是光绪皇帝的，但我们可以从其龙褂上分出，皇帝的龙褂为四团四章，皇太后的龙褂为八团。这样我们便可以得知，第一份“上用”的织造单子是光绪皇帝的，其龙袍和龙褂的颜色、花纹及其章数皆与《大清会典》里规定的相同。第二份“上用”的织造单子是慈禧太后的，她不仅在其龙袍上，织上或绣上了象征皇权的十二章纹饰，而且还在其龙褂上，织上或绣上了象征皇权的十二章纹饰，比皇帝的龙褂还多出八章。在慈禧太后的龙褂上，起初织、绣的是十二章，后来又改织、绣日、月、星辰、山四章。比如在光绪二十六年，分派江宁恭办的丝织品中就写道："皇太后御用：明黄江绸地透绣十二章五彩云八吉祥加金寿字五彩立水全洋金龙袍面壹件，明黄透缂十二章五彩云八吉祥加寿字三蓝立水全洋金龙旗袍面壹件，石青江绸地透绣八团四章五彩立水全洋金龙褂面壹件，石青透缂丝五彩八团四章三蓝立水全洋金龙褂面壹件。"从上面的资料看，后来慈禧太后在龙袍及龙褂上，所用的章数与皇帝皆同。慈禧太后用替用十二章纹饰的手法，向世人公布了她是一位没有称号，但掌握着清代大权的女皇。更有甚者，慈禧太后在自己替用十二章纹饰的同时，还用赏赐的办法，继续破坏清代的服饰制度。《三织造缴回档》里记载［光绪十年（1884）］："赏亲王用：绣杏黄缎四章金龙蟒袍面六件，绣石青缎四正龙褂面六件；绣杏黄江绸四章金龙蟒袍面六件，绣石青江绸四正龙褂面六件；杏黄缂丝四章五彩金蟒袍面六件，石青缂丝四正龙褂面六件。""赏福晋用：绣杏黄缎四章金龙官样挖杭蟒袍面六件，绣石青缎八团金龙有水褂面六件；绣杏黄江绸四章金龙官样挖杭蟒袍面六件，绣石青江绸八团金龙有水褂面六件。"从以往历代皇帝赏给亲王、郡王的服饰资料看，最高也没有超过皇子服饰标准的。可这次，慈禧太后赏给亲王及亲王福晋的蟒袍与蟒褂，远远超出了皇子及皇子福晋的服饰标准。在清代，赏给亲王，尤其是福晋的服饰中，代章的还是第一次。荣获如此殊荣的，绝不是别人，很可能是帮助慈禧太后夺得清代大权的恭亲王奕䜣和支持她统治中国近半个世纪之久的妹夫醇亲王。这两个人是她的左膀右臂，是她忠实的跟随者。为了鼓励和进一步笼络他们，才破天荒地给予了如此高的荣誉。在清代，对于上述破坏服饰制度的问题，不仅古代文献中有记载，在故宫现存的文物中亦有所反映。在光绪时期的服饰中，女朝服和女吉服上织、绣有十二章纹饰的屡见不鲜，在服饰上见证了这一段历史。

吉服袍和吉服褂，是清代吉服中的重要组成部分，其制度及地位，在清代服饰中，仅次于制度最繁缛、礼节最重、规格最高的朝服，居于第二位。其用料多，艺术齐全，纹样丰富，是我国古代服饰中永远的经典。

体形裤溯源的考古发现与研究

曾　慧　顾韵芬*

20世纪90年代流行的体形裤以其舒适合体、适用、时尚而风靡我国，并在国内流行了四五年之久，尤其受到了东北地区女性的欢迎，成为在秋、冬季的主要裤装品种，至今在一些地区仍然作为日常的服饰之一。

近日，笔者在考察黑龙江省哈尔滨市阿城区金代“齐国王”墓的考古中惊喜地发现，体形裤最早可追溯到满族先人——金代时期的女真人的服饰，金代时期的女真人的“大口裤”和“吊敦”可确定为其最初的形制。笔者想借此发现谈谈拙见，与同行商榷。

一、金代“齐国王”墓中的考古情况

金代的女真服饰在满族服饰发展的历史中占有着重要的地位。从服装的款式到色彩，从面料到佩饰，从冠服到常服等反映了东北满族先人的生存环境、社会经济、科学技术、文化意识和宗教，并体现着时代的进步，以及对后人服饰的深刻影响。从总体上看，金代女真人建国后其服饰基本上承袭辽制，服装仍较为朴素，相同的地理环境、生活方式、风俗习惯等因素决定了建国初期金女真服饰的形制。

金代“齐国王”墓发现于1988年5月，位于黑龙江省阿城市（今哈尔滨市阿城区）巨源乡城子村，东南距金代的上京古城40公里。此墓有很高的研究价值，被誉为“塞北的马王堆”，特别是出土的许多丝织品服饰，华

* 作者单位：大连工业大学服装学院。

贵精美，制作精致，填补了在中国服饰史研究中由于没有金代服饰文物而留下的空白。墓内葬夫妇二人，男左女右，仰身直肢，头西脚东，经分析鉴定，墓主人为金代被封为“齐国王”的完颜晏。两具骨骼保存完整，尚未腐烂。两人身上均包裹多层各式衣着，其中男性着 8 层 17 件，女性着 9 层 16 件，计有袍、衫、裙、裤、腰带、冠帽和鞋、袜等，具有古代北方民族服饰的特点和风格，为研究我国金代的纺织技术、服装面料、印染工艺等提供了可靠的标本。其中我们认为具有现代流行的体形裤的最初形制——“大口裤”和“吊敦”作为金代贵族陪葬的主要服饰——裤装出现在墓葬内。

二、金代女真人“大口裤”“吊敦”的特征

（一）“大口裤”的款式结构特征

金代女真人内穿的裤装有两种形式，图 1、图 2 是其中一种，称为“大口裤”。它的结构较宽松，有补裆以适合人体臀部的结构形态，并增加人体臀部的松量和运动功能。腰间的断缝下部设有褶，增加了臀部的松量。上部有较高的护腰，护腰上缝制了三条等距、等宽的腰带，可以将“大口裤”在腰部系紧使之更加固定。脚口下用一长约 14 厘米、宽约 6 厘米的布料制作的踏脚，便于将“大口裤”在脚上固定，脚口处留有缺口，估计是满足脚面与踝部的人体结构形态和运动舒适。

图 1　素绢“大口裤”正面

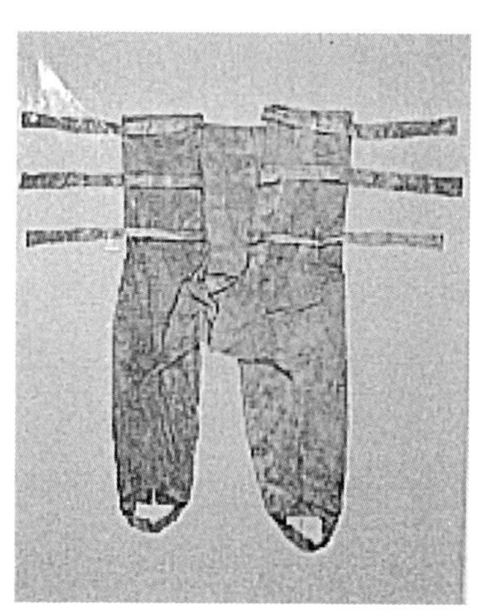

图 2　素绢“大口裤”背面

图3和图4是金代男子裤装中的另一种形式，称为“吊敦”。“吊敦”的结构是两裤腿分开的形制，一般穿着于里层。裤腿上部的带子较长，估计带子系于肩上，防止“吊敦”脱落和下滑。此“吊敦”上沿呈内低外高形态，与人体的腿根部的结构形态相吻合。

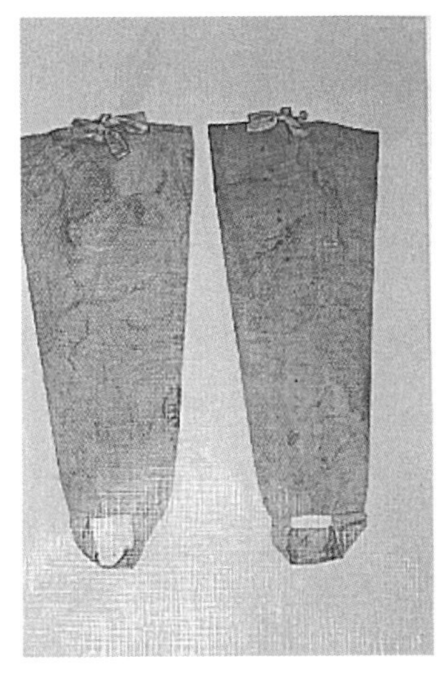

图3　素绢“吊敦”

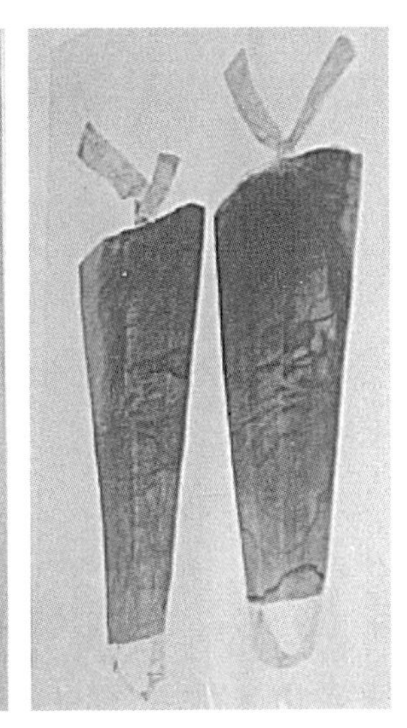

图4　绿绢绵“吊敦”

（二）面料、色彩及其图案

金代，纺织业有了较大的发展。尤其进入中原后，朝廷在真定、平阳、太原、河间、怀州等五处设置了绫锦院，派官员专门管理织造及常课诸事。除绫锦院外，各地还有许多私营的纺织作坊，其纺织品各具特色，如相州的“相缬”，河间府的“无缝锦”，大名府的皱縠和绢，河东南路平阳府的卷子布，山东西路东平府的丝绵、绫锦、绢，东京路辽阳府的“师姑布”，中都路平州府的绫，涿州的罗等。其中中都大兴府的锦绣在金朝初年就以精美居全国之冠①。而在民间，女真人的纺织业主要是家庭手工业。《大金国志》记载女真人的习俗是“土产无桑蚕，惟多织布，贵贱以布之粗细为别”。所谓布就是以麻织布。富者多用红色的纻丝、绵、绸、

① 《大金国志》卷三。

绢、细布作为春夏衣裳的材料，冬天用貂皮、青鼠、狐貉皮或羔皮作为裘衣的面料，或是用绸丝绸绢来做。

金代“齐国王”墓的主人是金代的贵族，因此，出土的服饰面料均以丝、绢等为主，面料颜色以黄色为主，还有墨绿色，图案较为细腻、精美。裤装有夏季、春秋季和冬季之分。

三、影响金代女真人“大口裤”“吊敦”形制的因素

（一）生活方式的影响

服饰不仅作为一个国家和民族的文化象征，它也是人们的思想意识和审美观念的具体体现，同时也反映了服饰存在年代的经济、科学技术的发展水平和生存的环境。满族先人长期以来一直以狩猎经济、渔猎经济以及饲养家畜（主要是猪）为主要的生产和生活方式。金代女真人的服饰就是在适应这种方式的基础上成熟和发展起来的。满族先人在游牧与狩猎过程中，为了获取更多的食物，必须穿着合体、舒适和方便的服饰。由于他们在马上的活动较多，且都有穿靴子的习惯，因此在金代“齐国王”墓中出土的服饰尤其是男子服饰均是符合这种要求的。特别是“大口裤”和“吊敦”形制的产生具有东北少数民族生活方式特征，正是当时东北少数民族游牧与狩猎生活和生产方式的产物。脚踩吊带可避免在骑马活动中裤子上滑的现象，既方便又舒适，符合了人体活动的需要。

（二）气候环境的影响

由于满族先人世代生息在东北地区，气候比较寒冷，同时游牧和狩猎的活动经常在野外，在马上的骑驰速度很快，因此，人体腿部和腰、肚的防护和保暖是必要的。“大口裤”和“吊敦”的腿部的形制是上宽下窄呈锥子形，这样既防止冷风侵入，又可以保存人体的温度，同时符合人体腿部的结构形态。“大口裤”和“吊敦”的高腰形的护腰也是适合游牧生活环境而设置的，它可以起到保暖人的胃肚不被冷风侵蚀。

（三）满族先人传统服饰的影响

满族是由长期生活在东北地区的肃慎、挹娄、勿吉、靺鞨、女真等少数民族发展而来，服饰也是随着民族的发展而发展。金以前的满族先人，在政治、经济、文化、服饰等方面受到了本土文化和汉族文化及其他少数民族的影响而有所发展，但其发展的速度较慢。先前的满族先人都是作为中原统治阶级所管辖的一个部分，是少数民族的部落形式生存，它的发展不是当时社会的主体部分。而金代是满族先人——辽代“生女真”的部落之一完颜部所建立的，金代是满族先人——女真族自己建立的朝代。因此，金朝的统治者在政治、经济、文化服饰等方面加大了改革的力度，充分汲取了汉文化的精华，使金朝女真族与汉族之间的差距越来越小。它不仅在政治、经济等方面有着深远的影响，而且也为服饰的进一步发展创造了有利的条件。金代时期的服饰，既保留了先人服饰的特色，同时又发展了先人的服饰，“大口裤”和“吊敦”形制的形成和发展正说明了这一点。在靺鞨时期，服饰裤装中即出现了窄口裤子，但没有脚踩带。金代的“大口裤”和“吊敦”脚踩带的结构改变，正是具体说明了服饰是不断地发展变化的。

四、现代体形裤与金代女真人“大口裤”和“吊敦”的比较

图5、图6是现代流行的体形裤。研究它与金代女真人“大口裤”和“吊敦”的差异和发展，对我们了解服饰的发展变化是很有意义的。

图5　现代体形裤

图6　现代体形裤

表1 现代体形裤与金女真人“大口裤”和“吊敦”的比较

类别	现代体形裤	金女真人“大口裤”“吊敦”
外形	合体而基本无放松度；分腿有裆腰结构	宽松而有较大的放松度；分腿有裆腰结构
结构	普通腰高，腰部有松紧带；裆和脚踏带与裤装整体连为一体	高腰或无腰，腰部以三根带子固定或用吊带吊于肩部固定；有前后不同结构的补裆，腰与臀间有分割线并有一定的褶量增加臀的松量；脚踏带与裤装主体缝合相连
色彩	色彩丰富	色彩较单一，一般为黄色或墨绿色
面料	面料的纤维组成成分丰富，一般为针织面料或含氨纶的弹性梭织面料	丝绸或绢绸，纤维多为丝、麻，面料为梭织物

五、结论

1. 从金代“齐国王”墓考古发现，现代体形裤形制的形成时期最早可追溯到我国12世纪的金代女真人生活时期，金代女真人日常裤装的品种“大口裤”和“吊敦”的结构与现代体形裤具有相同的穿着功能、相近的服装款式和结构。

2. 现代体形裤与金代女真人“大口裤”和“吊敦”相近的服装款式和结构、相同的穿着功能充分体现了服饰形制的形成与人们生活的自然环境和生活方式有紧密的联系。现代体形裤主要流行区域也同样在东北寒冷带，这是因为现代东北女性在寒冷的冬季喜欢穿长大衣和皮靴，紧腿的体形裤便于将裤腿塞入皮靴中，同时有保暖的功能。

3. 从金代女真人“大口裤”和“吊敦”到现代体形裤的款式结构、服装面料、服装色彩等的发展变化可折射出社会经济、政治文化和科学技术的发展历程，反映出服饰形制存在时期的社会经济、政治文化和科学技术的水平。现代体形裤随服装面料纤维品种的多样化，织造、染整工艺和辅料的科学技术的发展，在结构上变得更简洁，穿着更舒适，外观更美观。

中国古代少数民族的“左衽”小议

王业宏[*]

一、商周至秦汉时期的左衽衣

人们对“四夷左衽”的认识主要源于早期的文献（如引言中的引述），而且目前出土的商周至秦汉时期的少数民族的服饰及与服饰相关的实物非常少，这样看来“左衽”似乎可以辨华夷。但是，在凤毛麟角的考古遗存中我们还是发现了其他襟口形制及右衽的存在。

1. 武士出猎纹饰牌，出土于辽宁省西丰县西岔沟汉代墓葬。图案为两名武士出猎的形象，二人皆被发于肩背，身穿窄袖紧身短衣，衣领、襟、摆均有镶边。左侧武士为对襟敞怀，右侧武士为左衽短衣①。对该牌武士的族属争论颇多，但一般以匈奴、乌桓说最为盛行（以下武士驱车纹饰牌和武士捕俘纹饰牌族属的判断与之相同）。

2. 武士驱车纹饰牌，出土于辽宁省西丰县西岔沟汉代墓葬。图案中有三个人，头发皆为剪发状，其中一仗剑武士立于树下，穿对襟窄袖短衣②。

3. 武士捕俘纹饰牌，三件，一件出土于辽宁省西丰县西岔沟汉代墓葬③，两件出土于宁夏同心县倒墩子汉代匈奴墓④，虽然后者残损，但基本

---

* 作者单位：东华大学。

① 田广金、郭素新：《鄂尔多斯式青铜器》，文物出版社 1986 年版。

② 乌恩：《中国青铜器透雕带饰》，《考古学报》1983 年第 1 期。

③ 田广金、郭素新：《鄂尔多斯式青铜器》，文物出版社 1986 年版。

④ 宁夏回族自治区博物馆同心县文管所、中国社会科学院考古研究所宁夏考古组编：《宁夏倒墩子汉代匈奴墓地发掘报告》，《考古》1989 年第 1 期。

构图都与西岔沟没有区别，亦为一骑马武士于树下车旁捕俘图。图中二人皆披发，其中一人穿对襟窄袖紧身短衣。

4. 骑马武士绣像，出土于蒙古诺颜乌拉汉代匈奴6号墓，画中共有骑马的武士三人，其中骑白马的武士身穿镶边的绣花对襟外衣，其他两人形象由于绣像破损不太完整，但着装形式基本与之类似①。

5. 女上衣，丝质平纹，出土于蒙古诺颜乌拉汉代匈奴6号墓，领口为不同于左衽的交领②，据推断是匈奴王室妃子的服装。

6. 双人盘舞铜饰，云南石寨山出土的汉代滇人造像，一人上衣为左衽，另一人上衣为右衽③。

7. 贮贝器，云南石寨山出土的汉代滇人造像，上面女奴隶主通身鎏金，穿宽大的对襟外衣④。

一般认为，秦汉时期北方游牧民族（前5例）和西南少数民族（后2例）服装是比较典型的左衽，但这些证据表明除了左衽以外，还有对襟和右衽的存在。虽然中国早期民族比较复杂而且出土实物资料匮乏，我们仍可以肯定地说，商周至秦汉时期中国古代少数民族的服饰并非均左衽。

二、魏晋南北朝至隋唐五代时期的左衽衣

魏晋南北朝至隋唐五代是我国历史上少数民族大迁徙、大融合的重要时期，许多少数民族进入中原内地，初次登上了历史的舞台，出现了“五胡”“十六国”的少数民族政权，史称北朝。东汉以前，“胡”是北部地

---

① 〔日〕梅原末治：《蒙古ノイソ・ケラ发见の遗物》图版一，东京，1960年。

② 〔日〕梅原末治：《蒙古ノイソ・ケラ发见の遗物》，Camilia Trever：“Excavations in Northern Monglia（1924—1925）”，Leningrade，1932，pp. 39－40. 林幹：《匈奴墓简介》，《匈奴史论文集》，中华书局1983年版，第397－398页。段梅：《东方霓裳》，民族出版社2004年版，第42页。

③ 张增祺：《滇国青铜艺术》，云南人民出版社、云南美术出版社2000年版，第180－181页。

④ 张增祺：《滇国青铜艺术》，云南人民出版社、云南美术出版社2000年版，第198－199、201页。

区民族的统称，多特指匈奴，以后泛指我国北方和西域的少数民族，胡人之中，又有东胡、西胡、北胡之分。鲜卑是这一时期中重要的少数民族之一，鲜卑族的各部分在这一时期还先后建立了前燕、后燕、西秦、西燕、南凉、南燕、吐谷浑、代国、北魏、东魏、西魏、北周等政权，其中北魏、北周先后统一北方。北魏孝文帝曾进行一次中国历史上重大的服饰改革，即在鲜卑社会里全面推行汉族服装，在“孝文改制”前我们能看到鲜卑族固有的服饰传统，其中也不乏“右衽”的例证。在北周和北齐时期，右衽的鲜卑装也见流行。至唐代，受胡人影响，胡服盛行。根据实物资料，很多胡人的着装为右衽，唐三彩胡人俑和一些壁画中少数民族人物均是极好的例子。下面依次例证：

1. 甘肃固原漆棺画[①]画中鲜卑贵族人物穿着的是右衽长袍，其年代在“孝文改制”之前，可以说明鲜卑的传统服饰中有右衽的情况。

2. 墓室壁画山西寿阳厍狄迴洛墓[②]，山西太原娄睿又墓[③]，河北的高润墓[④]，山东济南马家庄的一座北齐墓[⑤]，其中鲜卑人的服饰相似，右衽，是在旧式鲜卑装的基础上参照西域胡服改革而成[⑥]。

3. 北凉舞伎，甘肃酒泉丁家闸五号墓壁画，舞伎身穿三色褶服，五彩接袖，右衽[⑦]。

4. 胡俑，1959 年隋代安阳张盛墓出土，河南省博物馆藏，两个胡俑都着翻领长袍，其中一人可辨为右衽[⑧]。

5. 胡俑（1 式），为北朝墓群皇陵陶俑，穿圆领窄袖右衽长袍[⑨]。

---

① 宁夏固原博物馆：《固原北魏墓漆棺画》，宁夏人民出版社 1988 年版。

② 王克林：《北齐厍狄迴洛墓》，《考古学报》1979 年第 3 期。

③ 山西省考古研究所、太原市文物管理委员会：《太原市北齐娄睿又墓发掘简报》，《文物》1983 年第 10 期。

④ 磁县文化馆：《河北磁县北齐高润墓》，《考古》1973 年第 3 期。

⑤ 济南市博物馆：《济南市马家庄北齐墓》，《文物》1985 年第 10 期。

⑥ 孙机：《中国舆服论丛》，文物出版社 1993 年版，第 175 页；郑岩：《魏晋南北朝壁画墓研究》，文物出版社 2002 年版，第 258 页。

⑦ 宿白：《中国美术全集 · 绘画编 · 墓室壁画》，文物出版社 1989 年版，第 96 页。

⑧ 中国文物交流中心编著：《出土文物三百品》，新世界出版社 1993 年版，第 101 页。

⑨ 赵学峰：《北朝墓群皇陵陶俑》，重庆出版社 2004 年版，第 23 页。

6. 彩绘牵驼胡人俑，西安东郊出土唐开元十二年（724 年）彩绘俑，着右衽袍①。

7. 胡人俑，西安郑仁泰墓出土，着右衽袍②。

8. 唐三彩骑马猎人俑③，骑在马上的胡人举起右手正要打一猞猁，服装可辨为翻领右衽衣。

9. 唐三彩骆驼乐伎俑④，共有四个胡人在骆驼上做弹奏表演状，其中站在骆驼上中间的一个人穿圆领右衽衣。

10. 彩绘马夫俑，1973 年 206 号唐墓出土，高 56 厘米，头戴高耸的折檐尖帽，穿右衽长服，脚蹬长靴，为典型的西域居民形象⑤。

11. 粟特人物画，安阳石棺床上，粟特人着右衽长衣，作饮酒状⑥。

12. 三彩马及牵马俑，1981 年河南省洛阳龙门山东山出土，河南省洛阳文物工作队队藏。牵马胡俑的服装为翻领右衽⑦。

13. 三彩骆驼及牵驼俑，1981 年河南省洛阳龙门山东山出土，河南省洛阳文物工作队队藏。牵驼俑的衣服为翻领右衽⑧。

14. 章怀太子墓迎使客图，东使客图中有六人，其中有三人为少数民族的使节，其中一人着右衽长袍，可能为渤海使节。西使客图中第四人为圆领右衽窄袖高昌使节，第五人为右衽大翻领大食国使节⑨。

15. 《南诏图传》，图中内容为有关于南诏开国的历史传说，原作绘于

---

① 郑岩：《中国表情》，四川人民出版社 2004 年版，第 126 页。

② 郑岩：《中国表情》，四川人民出版社 2004 年版，第 125 页。

③ James C. Y. Watt with essays by An Jiayao, Angela F. Howard, Boris I. Marshak, Su Bai, Zhao Feng：《CHINA：Dawn of a Golden Age, 200 – 750AD》, The Metropolitan Museum of Art，第 307 页。

④ James C. Y. Watt with essays by An Jiayao, Angela F. Howard, Boris I. Marshak, Su Bai, Zhao Feng：《CHINA：Dawn of a Golden Age, 200 – 750AD》, The Metropolitan Museum of Art，第 309 页。

⑤ 祁小山：《西域藏宝录》，新疆人民出版社 1999 年版，第 35 页。

⑥ 郑岩：《魏晋南北朝壁画墓研究》，文物出版社 2002 年版，第 259 页。

⑦ 中国文物交流中心编著：《出土文物三百品》，新世界出版社 1993 年版，第 110 页，图 93。

⑧ 中国文物交流中心编著：《出土文物三百品》，新世界出版社 1993 年版，第 113 页，图 97。

⑨ 周天游：《唐墓壁画研究文集》，三秦出版社 2003 年版，第 196 – 203、210 – 216 页。

南诏国舜化贞中兴二年（公元 899 年），图中的服饰多为圆领或右衽[①]。

以上一些出土的实物表明，魏晋南北朝至隋唐五代时期北方少数民族中服用的袍服较早期而言右衽比例更多。

三、宋辽金西夏元明清时期的左衽与右衽

宋辽金西夏元明清时期，北方少数民族极为活跃，其中还有不少进入中原成为统治者。但其中有确凿证据的为左衽的，只有辽契丹和金女真的服饰，但他们在历史的朝代更替中扮演的角色还远不如元和清重要。

元代的蒙古族的服饰在《元典章》明确记载：“公服俱右衽”；在彭大雅撰、徐霆疏《黑鞑事略》一书也有描述：“其服右衽而方领，旧以毡、毳、革；新以……”；13 世纪中叶到蒙古的西方传教士鲁不鲁乞的记载中有：“姑娘们的服装同男人的服装没有什么不同，只是略长一些……这种袍子在前面开口，在右边扣扣子。在这件事情上，鞑靼（古时汉族对北方各游牧民族的统称。明代指东蒙古人，住在今内蒙古和蒙古人民共和国的东部）人同突厥人不同，因为突厥人的长袍在左边扣扣子……”等等。从大量的出土实物看元代的服饰也主要为右衽，如西安元代段继荣墓中出土的男陶俑，河北古家庄毗卢寺明代壁画中戴瓦楞帽的元代吏卒的服装均为右衽[②]；再如敦煌莫高窟第三三二窟蒙古族供养人像中两位女主角均着右衽袍[③]；榆林第四窟、第六窟元代供养人像中的服饰也为右衽[④]；缂丝织制的元太祖狩猎图、元文宗兄弟及两位兄弟妻子坐像的服饰也为右衽[⑤]；内

---

① 李昆声主编：《南诏大理国雕刻绘画艺术》，云南人民出版社、云南美术出版社 1999 年版。

② 赵超：《云想衣裳》，四川人民出版社 2004 年版，第 177、179 页。

③ 中国壁画全集编辑委员会：《中国敦煌壁画全集——敦煌西夏元》，天津人民美术出版社 1996 年版，第 139 页。

④ 中国壁画全集编辑委员会：《中国敦煌壁画全集——敦煌西夏元》，天津人民美术出版社 1996 年版，第 140－141 页。

⑤ 赵丰：《图说中国丝绸艺术史·织绣珍品》，艺纱堂/服饰工作队，1999 年 12 月，第 272－273 页。

蒙古达茂旗明水出土的织金锦袍也为右衽[①]。但壁画和一些少量的实物也有女子服饰左衽的例子。据分析，有一种左衽的衣服也是蒙古族和汉族妇女的服装[②]，但总的来看蒙古族的主要服饰为右衽。

清代满族服饰无论记载还是实物则均为右衽，沈阳故宫博物馆的王云英女士在《清代满族服饰》[③] 及《满族官民服饰》[④] 中有详细论述。满族的前身是女真族，而女真族在金代曾衣制左衽，这其中的缘故目前仍悬而未决。女真人有火葬的风俗，因此金代遗留下来的实物非常少，据可考的资料，金代女真人也崇尚汉族服饰，在金灭亡前已汉化严重，金衰亡后整个女真族分解为三部，一部分在中原，一部分留在东北，这两部分后来被汉人同化，只有随浦鲜万奴东迁的那一部分女真人才构成了女真人的实体[⑤]，最后崛起并组成满族共同体。金代女真左衽与清代满族右衽也许与女真人社会发展的不平衡和这一历史流变有关。

其他主要的少数民族如党项族的服饰，我们从榆林第二九窟壁画中可以看到西夏供养人群像中党项族女子“外著交领右衽团花衫”，从榆林第二窟也可看到党项族女子头戴桃形冠，并插花、钗等饰物，脑后披短发，着高领右衽长袍，两侧开叉……[⑥]这样的例子很多，在此不一一列举。

由此，通过这一时期少数民族的服饰，我们能更清楚、更明确地了解到右衽居多。

四、结论

总而言之，人们对四夷左衽的判据来自古文献中的诸多记载，后又有一些考古的图像资料和实物佐证，使大家忽略了右衽和其他的襟口形制。

---

① 赵丰主编：《纺织品考古新发现》，艺纱堂/服饰工作队，2002 年 9 月，第 16 页，图 21。

② 沈从文、王予予：《中国古代服饰研究（增订本）》，上海书店 2017 年版，第 431 页。

③ 王云英：《清代满族服饰》，辽宁民族出版社 1985 年版，第 72 页。

④ 王云英：《满族官民服饰》，辽海出版社 1997 年版，第 76 页。

⑤ 李德山、栾凡：《中国东北古民族发展史》，中国社会科学出版社 2003 年版，第 58 页。

⑥ 中国壁画全集编辑委员会：《中国敦煌壁画全集——敦煌西夏元》，天津人民美术出版社 1996 年版，第 63、68 页。

其实根据先秦时期少数民族入侵中原的实际情况，我们不难看出以左衽辨华夷、以左衽代称少数民族，也暗示了人们当时的一种观念——“尊王攘夷”的民族观和对异文化的强调。《北齐书·王纮传》记载，一次侯景与人讨论掩衣法，尚书敬显俊引用孔子对管仲的议论，证明衣襟应该是右衽，王纮却认为：“五帝异仪、三王殊制，掩衣左右，何足是非。”左衽右衽只是一种风俗习惯，本无是非可言，但习惯一旦上升为文化传统，在民族矛盾尖锐时，就可能代表民族的尊严[①]，成为一种标志，所以古文献中记述左衽，也有这个层面的含义。

从本源上讲，服装襟口特征的形成与各个民族对于服装结构的偶然性选择与服装功能性的主观设计及民族文化传承有着直接的关系，而我们古代民族的发展历史又是极其复杂的，又有若干的证据表明并非“四夷皆左衽”；另外，在长期的生存与斗争中，各民族的文化冲突与融合也是改变其服饰的一个重要因素，赵武灵王的“胡服骑射”，北魏的“孝文改制”，唐代的“胡风盛行”，清代的“薙发易服”都是服饰史上重要的变革，都与少数民族服饰文化有直接的关系，这也说明服饰的发展不仅是纵向的沿袭和传承，也有横向的变异和改制，服饰的发展是网络的而不是线性结构。因此，我们不能一概论之。

---

① 诸葛铠：《浅谈中国古代服饰文化的儒学内涵》，红旗出版社2003年版，第83－92页。

云南楚雄彝族服饰考

钟仕民　金永锋　苏　晖*

云南省楚雄彝族自治州地处滇中高原，位于滇池、洱海之间，是我国著名的早期人类演化关键地区之一。楚雄彝族创造了色彩绚丽、特色显著、内涵丰富的服饰文化，形成了具有山地特征的彝族服饰文化体系，它集中反映了楚雄彝族的历史变迁、风俗习惯、审美意识、宗教信仰等文化传统和心理特征。本文仅就云南楚雄民国以前彝族服饰发展源流进行纵向研究，以期探究其发展演变过程。

一、源头服饰

楚雄州著名彝族创世史诗《梅葛》记载，彝族先民“人有一丈二尺长，没有衣裳，没有裤子，拿树叶做衣裳，拿树叶做裤子，这才有了衣裳，这才有了裤子”。另一部彝族史诗《查姆》也生动地记录了彝族以树叶为衣的生动情景：“独眼人这代人，猴人分不清；老林做房屋，岩洞常栖身；石头随身带，木棒手中拿；树叶做衣裳，乱草当被盖。”到20世纪80年代，楚雄州彝村中还保留着穿蓑衣的习俗。其由最原始的草衣、树叶衣演变而来，是树叶衣的发展和延伸，其对彝族祖先曾起到十分重要的作用。其制作工艺仍保持原始的传统，采叶长且柔软之山草、棕皮，用编、结等技术编织而成，中穿麻线，反面呈网状，可御寒、避雨。蓑衣穿在身上，犹如一件草制的披

* 作者单位：云南省楚雄彝族自治州博物馆。

风。当然蓑衣对彝族来说，如今大多只作雨具使用。蓑衣在彝族社会中曾有过特殊的地位和作用，成为尊贵和等级的象征。明代《云南图经志书》载："禄劝州……多罗罗，皆披毡然以莎草编为蓑衣加于毡衫之外，非通事（行政长官）、把总（山官）不敢服也。"所以，蓑衣成为彝族服饰的组成部分在人类服装文化起源研究中有着重要价值。

二、古氐羌服饰

彝族源于古氐羌。彝族与羌族同源共祖，具有共同本源的服饰风貌。《隋书・西域・党项》说："党项羌者……服裘褐，披毡以为上饰。"郭义恭著《广志》也说："女披大华毡以为盛饰。"这是古羌人的基本服饰特征。现今羌族妇女服饰常用青布、蓝布缝制，上衣绣花，盖头帕，系绣花圈腰；男子包青色头巾，穿麻布长衫，外套羊皮褂，蓄发，裹绑腿。羌族老人跳礼仪舞时，女舞者穿百褶裙；跳集会舞时，男舞者披羊皮褂，包黑包头。这与楚雄州彝族服饰有相似之处。这些相同特点折射出彝、羌同源共祖的服饰遗风：男女皆着麻布衣，男蓄发，女穿百褶裙，披羊皮和披毡。

羊是楚雄彝区的重要牲畜，其皮张可做羊皮褂、羊皮鼓、羊皮袋、羊皮包等物。到20世纪80年代，楚雄州高寒冷凉地区的彝民仍普遍使用羊皮褂。宰羊时，于羊肚正中剥皮，四肢肘部脱皮；制作时，请善于此技者运用切、割、揉、砸、硝、鲜温定型等技术将羊皮揉软，随后将其缝制成羊皮褂。羊皮褂经久耐用，用十余年不坏，其用途不仅可以保暖驱寒避雨，而且可作垫背之物。一般宰杀羊时，其尾巴不能割掉而是连在皮上，缝制成羊皮褂时，其尾不能随便折断，而是必须存于其上，这与古彝民的审美观念和衣着习俗密切相关。羊皮褂是古彝民早期人类服饰在近现代的遗存，是人类早期服饰的活化石，对研究彝族祖先早期服饰有重要价值。

三、汉晋时期的彝族服饰

在云南晋宁石寨山西汉墓出土的青铜器人物图像中，男子椎髻于顶，髻如角状束髻带飘于后，束腰带，披羊毛披毡；妇女披发于背，以带束之，着对襟无领外衣，长及膝，下着有褶裙，与20世纪五六十年代元谋、永仁小凉山彝族服饰相似。1963年在昭通后海子发现东晋霍氏墓壁画，壁画中“部曲”有身披花纹图案披毡的，也有披净面披毡的，发梳理成锥形竖立，似今天彝族男子“英雄髻”。壁画中“部曲”形象，其基本特征是椎髻、披毡和赤足。到20世纪80年代，元谋凉山、永仁永兴等彝族地区，其着装打扮仍然远承汉晋先祖流风遗韵，彝族男女皆身着披毡。

到20世纪80年代，擀毡仍在楚雄州彝族中存在。楚雄州境内擀毡主要以武定插甸、牟定蟠猫、禄丰中村、大姚昙华最具代表性。擀毡是技术性较强的技巧性劳动，并非常人能擀。擀毡工具有大弓、小弓、弓锤、帘子、毡帽模、垫板、拉索。其擀毡流程为：（1）将绵羊毛分类，拣去杂物；（2）将羊毛铺平整，拌入细土，用棍击打，使泥土吸附毛中汗渍；（3）把羊毛收拢再行铺平，用大弓弹细羊毛；（4）把羊毛铺在竹帘上，一手持铺弓柄中部，另一手拈弓弦一端，震动羊毛绒，使其平整。后根据毡品的不同，按其形状，擀制成各类毡品。披毡分两种，即无褶披毡和褶子披毡。前者随便穿用，毛质无讲究，后者在集会、婚丧场合穿用，为彝家礼服。先用大弓弹细弹绒羊毛，将羊毛铺于擀毡席上面，根据毡的大小、厚薄、形状，用铺弓弹匀羊毛，然后，喷之以适量清水，卷席成筒。蹬脚拴一麻绳，把卷帘筒放于绳上，毡匠手拉绳，双脚来回蹬卷帘筒，使卷筒收紧，让羊绒板结成毡块。在领口内穿一绳收拢，再卷毡成筒蹬踩厚实，清洗晒干便成无褶披毡。在卷席筒中取出时就折成三指宽一条，折完后即用两块专用夹板从左右两边压紧，捆紧，竖放去水，待水干定型后，解开夹板，则已成褶子披毡。披毡可保暖防雨，野外可当被盖，褶子披毡是凉山彝人必备的火葬随葬物，据言无披毡送葬，其先祖就不能与亡魂相认，继而成为孤魂野鬼。

四、唐宋时期的彝族服饰

《新唐书·南蛮传》说："乌蛮……土多牛马，无布帛，男子髽髻，女子披发，皆衣牛羊皮。"《通典》记述云南的乌蛮在南诏统一之前，"男子以毡皮为帔，女子施布为裙衫，仍披毡皮为帔。头髻有发，一盘而成，形如髻。男女皆跣。"南诏统一之后，"黑倮倮……男挽发贯耳，披毡佩刀，妇从贵者衣套头衣，方领如井字，无襟带，自头罩下，长曳地尺许，披黑羊皮，饰以铃索。"上述记载说明，唐代的彝族服饰仍沿袭了晋代的特点，但已有了等级区别，如南诏王头戴圆锥形冠，穿圆领宽袖长袍，披虎皮；官吏无冠，用布缠头。而大多数平民则是男子额前梳一髻，穿窄袖短衣，长及膝，裹腿赤足。《宋史·叙州三路蛮传》记述乌蒙山区的乌蛮服饰是："俗椎髻、披毡、佩刀，居必栏棚……"《岭外代答》卷六也载："西南蛮……自蛮王而至小蛮，无一不披毡者……昼则披，夜则卧，雨晴寒暑，未始离身。"楚雄州彝族先民多是唐宋时期的"乌蛮"，其服饰承袭了汉晋时期的椎髻、披毡、跣足的基本特征。此类披毡，南诏曾以百床之数作为贡品献给朝廷，并行销我国南方各地。披毡具有厚实保暖、一衣多用的功能，其衣料以毛、麻为主，装饰火镰、羊角、涡形等图案，也有尽为黑色或白色的，下垂线穗，古朴典雅。

五、元明时期的彝族服饰

彝族经过南诏、大理国统治以后，政治、经济有了很大发展，从古代半农耕半游猎的生活逐步定居下来，形成了"大分散、小聚居"的局面。由于特殊的地理环境、历史原因，出现了不同支系和不同地区的地域服饰文化，即使是同一支系也往往因居住地域不同而各有千秋。元代李京《云南志略·诸夷风俗》载："罗罗即乌蛮也。男子椎髻，摘去须髯，或髡其发。""妇人披发，衣布衣，贵者锦缘，贱者披羊皮。乘马则并足横坐。室女耳穿大环，剪发齐眉，裙不过膝。男女无贵贱，皆披毡，跣足。”元代以后，中原封建王朝在彝族地区开始实行土官统治，蒙古族的文化习俗自然地通过土官渗透到彝族文化习俗之中，如彝族男子“髡其发”就是仿照元代蒙古人的头饰。但元代彝族仍以“椎髻”为主，椎髻、髡发并存。

随着社会经济文化发展，彝族服饰在明代有了很大的变化。特别是明代中期以后，大量汉族迁移云南，使得彝族服饰注入了不少汉族元素。明景泰《云南图经志书》载，楚雄彝族“男子髻束高顶，戴高深笠，状如小伞。披毡衫衣，穿袖开裤，腰系细皮，辫长索，或红或黑。妇人方领黑衣，长裙，下缘缕纹，披发跣足”。明代《隆庆楚雄府志》载：“夷俘杂处，言语侏离，披毡执弩，忽耕织而务采猎……”以上两组记载是楚雄州现存最早记载彝族服饰的明代地方志。夷俘服饰最明显的特征是披披毡。由此可见，明代楚雄彝族各支系已开始显示差异性，但仍有椎髻、黑衣、披毡的民族特点。

六、清至民国时期的彝族服饰

清代《康熙楚雄府志》：“倮俘有二种：有白有黑，……缠头跣足。妇人辫发，用布裹头。不分男女，俱被羊皮，嫁女与皮一片、绳一根，为背负之具。或用笋壳为帽，衣领以海虫巴饰之。织麻布、麻线市卖之。……罗武状类倮俘：女不著裤，系桶裙，衣不开胸襟，从首领而挂之。……摩察：黑爨之别种也。……形貌粗黑。男女以青白布裹头，不知盥栉……”清康熙楚雄府彝族倮俘支系男女服饰特征为穿麻布衣裤，披羊皮褂，赤足。区别在于头饰和领饰：妇女衣领饰海虫巴，辫发，缠头，用布裹头；男子缠头。彝族罗婺支系女子服饰特征为穿麻布贯头衣，系麻布桶裙，赤足。贯头衣、桶裙是其主要特征。男子服饰状类倮俘。摩察是彝族支系之一，服饰估计为麻布或土棉布质地，男女以青白布裹头。清代后，楚雄地区随着封建地主经济的发展，彝族支系分化更加明显，彝族服饰在传统特点的基础上更为地域化和支系化。

（一）楚雄市的彝族服饰

清代《嘉庆楚雄县志》："一曰倮㑩……缠头跣足，妇人辫发，男女皆披羊皮。嫁女则与羊皮一张、皮绳一条，以为背负之具。衣领饰以海虫巴，衣襟当胸处绣花，广数寸或尺余。绩麻线，织麻布、羊毛布、火草布，市卖之。……一曰罗武，状类倮㑩，第女衣筒裙……"另外，清代《宣统楚雄县志述辑》也有类似记载。清嘉庆、宣统时期楚雄市彝族倮㑩支系男女服饰特征为穿麻布、羊毛布、火草布质地衣裤，妇女衣领饰海贝和胸部绣花，披羊皮褂，跣足。刺绣是其特色。罗婺支系服饰与清代《康熙楚雄府志》所载大体一致。

（二）双柏县的彝族服饰

清代《康熙南安州志》："㑩㑩：有种，有白有黑，白狡而黑扑。……缠头跣足。妇人辫发，用布裹头。不分男女，俱披羊皮。嫁女，以皮一片、绳一根，为背负之具。或用笋壳为帽。衣领以海虫巴饰之。织麻布、麻线市卖之。……罗武：状类㑩㑩。……女不着袴，系桶裙。衣不开襟，从首领而褂之。"康熙时期南安（今双柏）彝族支系黑白倮㑩、罗武的服饰特征大致与楚雄市、南华县、禄丰县、牟定县相似。说明了彝族黑白倮㑩、罗武支系在今楚雄州分布较广，具有共同的服饰文化特征。

《民国摩刍县地志》："摩邑人类，以汉人为最多，汉人而外则有罗罗、窝尼、罗武、扯苏、阿车、摆夷数种。……其风俗，男子以羊毛弹而作冠，女子以帕复顶。嫁娶不用舆马，且嫁女不备妆奁，仅以绳一根、皮一张给以女为背负之具。娶妇不备礼金，独以牝羊一对，酬养育之劳。器用一似汉人，饰物多以海虫巴为之，男女俱随时跣足而行。"民国时，双柏彝族服饰应与康熙时期大致相似。

《清代民族图志》中《黑猡猡》图题记："黑猡猡，男子挽发，以布带束之，耳带圈坠一只，披毡佩刀，时刻不释。妇人头蒙方尺青布，以红绿珠杂海贝砗磲为饰，下着桶裙，手带象牙圈，跣足。在彝为贵种，凡土官营长（地方部队长官）皆其类也。土官服虽华不脱，彝司土官妇缠头彩绘，耳带金银大圈，服两截染色锦绮，以青缎为套头，衣曳地尺许，背披黑羊皮，饰以金银铃索，各营长妇细（同绸）衣短毡，青布套头。……在安宁、禄丰多负盐于途。在碍嘉者，以草为衣加于毡毳。大都性皆鸷悍，好攻掠。”

（三）牟定县的彝族服饰

清代《康熙定远县志》：“有倮罗，黑、白两种。白者一名撒毛朵，……男人缠头跣足，妇人辫发，用布裹头。有罗婺种类倮罗，……男子缠头跣足，女人织毛布为衣，裹头用布，下缀樱花，腰著桶裙，手绾铜镯，居家亦知有礼。”清代《道光定远县志》：“倮罗，黑白二种。白者一名撒毛朵，……男人缠头跣足，被黑羊皮。妇人辫发，用布裹头，背白团毡，胸前束围腰，布结带，缀五采璎珞，四五岁即嫁娶。……每年三月二十八日，赴城南东岳庙赶会，卖蓑笠羊毡麻线。……罗武种类倮罗，其性愚朴，……男子缠头跣足，女人织毛布为衣，裹头用布，下缀樱花，腰着桶裙，手铜镯，居家亦知有礼。”

清康熙时期定远（今牟定）彝族白倮罗支系（撒毛朵）服饰特征为妇女辫发，用布裹头，男子缠头，无布包裹，估计为麻布衣裤，赤足。到清道光时，妇女服饰增加了背饰白团毡，胸前束围腰，用布做系带，围腰及围腰带缀彩色缨络，说明至迟到清道光时，定远彝族即使用了彩色缨络等装饰物。男子服饰与清康熙时大致相当，清道光时增加披黑羊皮褂，羊皮褂早已有之，只是编撰者未记录而已。清道光方志增加了买卖蓑衣、斗笠、羊毡，纺织麻线等内容，定远县历来是手工业发达的地方，工匠较多，制作蓑衣、斗笠、羊毡，纺织麻布是其特长。清康熙、道光时期定远彝族罗武支系女子服饰特征为用布裹头，包头饰樱花束，穿麻布或毛布上衣，系麻布或毛布桶裙，手戴铜镯，赤足。男子服饰应与白倮罗大体一致。《民国牟定县地志》：“种类：县属人民，统分汉夷两种。……夷民居四分之一，概居西、北两乡山间，……男人缠头跣足，披黑羊皮。妇人辫发用布裹头，背围黑白毡，胸前束腰布。”与《康熙定远县志》《道光定远县志》记载大致相似。

（四）南华县的彝族服饰

清代《康熙镇南州志》："一为倮㑩，……缠头跣足，辫发，用布裹头，不分男女，俱披羊皮，织麻布为衣，……一为罗武，……女不着裤，系桶裙，衣不开胸襟，从首领而挂之，状类倮㑩，然罗武狡而倮㑩朴。"清代《光绪镇南州志略》："服饰：士安朴素，女不艳妆，农多短褐，以便操作。夷服羊裘，冬夏不易。"

清康熙时期镇南（今南华）彝族倮㑩支系男女服饰特征为缠头，辫发，用布裹头，穿麻布衣裤，披羊皮褂，赤足。罗武支系女子服饰特征为辫发缠头，用布包裹，穿贯头衣，系桶裙，赤足。男子服饰状类倮㑩。到光绪时期，镇南彝族先民服饰有所变化，但披羊皮褂之俗未变，依旧"夷服羊裘"。

（五）姚安县的彝族服饰

清代《光绪姚州志》："彝种有八，……彝人种麻，自能织纺。又多畜羊，寒暑皆衣羊皮、麻布。……彝妇老者剃发如尼僧。冬月被重毡，系以两带，如以襁负小儿然。少者喜著红绿，领、帽饰以贝。耳环大如钏，有重至三四两者。"清光绪时期姚安彝族女子服饰特征为戴饰贝帽，穿麻布衣裤，女青年穿红绿色衣裤，领饰海贝，披羊皮褂或披毡，赤足。男子服饰特征为穿麻布衣裤，披羊皮褂或披毡，赤足。

《民国姚安县志》："……清《职贡图》女曼且蛮，居姚安府。……男妇皆缠头，衣麻布衣裤，披羊皮，跣足。……近年学生青年，多着制服，间尚西装；青年妇女皆剪发，多衣旗袍，彝人服饰多汉化。"女曼且蛮为彝族支系之一，清代女曼且蛮男女服饰特征为缠头，穿麻布衣裤，披羊皮褂，赤足。到民国时接近城郊的彝族受到汉文化的影响，服饰趋于汉化。

（六）大姚县（含永仁县）的彝族服饰

清代《康熙大姚县志》："……彝人多不冠，男妇以布帛束首，披毡跣足，山行如飞。除夕，……彝人是日宰牲祀祖，以松叶铺地，蓬头跣足，……着采衣，吹芦笙，男妇携手舞蹈，和歌团绕，此彝俗之陋也。”清康熙时期大姚县彝族男女服饰特征为用布束发，穿麻布衣裤或绣花彩色衣裤，披毡，赤足。

清代《道光大姚县志》：“白倮㑩，性驯而愚。男子裹头，跣足，披黑羊皮。妇人辫发，青布缠头。披白围毡片，胸前束围腰布，结带，缀五彩缨拂，四五岁即嫁娶。常男女偕入市，贸麻布、麻线、蜂蜜、松明之类。黑倮㑩，……衣麻布，披羊皮，男女不甚异。时入市，售竹木、野蔬、麻布等物。傈僳，即力𡒄，性狂悍，不通汉语，男蓬头垢面，袒胸跣足，衣麻……以毡衫，以毳为带，束其腰。妇女裹白麻布衣。罗婺……男子髻束高顶，戴笠披毡，衣火草布。妇人辫发，两绺垂肩上，方领黑衣，长裙跣足，居山林高阜，牧养牲畜为业。蛮子……男女皆衣麻布长衣，以麻布裹腿，带刀辟山地，种干粮。”清道光时期大姚彝族白倮㑩支系女子服饰特征为辫发后用布缠头，穿麻布衣裤，系围腰，围腰缀彩色璎珞，披白色披毡，赤足。男子服饰特征为裹头，穿麻布衣裤，披黑羊皮褂，赤足。黑倮㑩支系服饰大致与白倮㑩相似，傈僳人男女服饰大致与黑、白倮㑩相似，傈僳人后来多数融入彝族当中。罗婺支系男子服饰特征为缠发成髻状，戴斗笠，穿火草布、麻布衣裤，披披毡，赤足。女子服饰特征为辫发成两绺下垂至肩，穿麻布或火草布衣，系麻布或火草布裙，赤足。蛮子即现今居住于永仁县永兴等地北部方言彝族，男女服饰特征为缠发成髻，类似今凉山彝族头饰，穿麻布长衣，着麻布裤或裙，披披毡，打绑腿，赤足。

《民国大姚县地志》：“白倮㑩性驯而愚，男女均裹头跣足，披羊皮、麻布……黑倮㑩，衣服与白倮㑩同，皆居山谷中。傈梭即力𡒄，犷悍不通汉语，蓬头垢面，袒胸跣足，衣麻布，披毯衫，以毳为带，束其腰。妇女裹白麻布……”。上述记载与清代《道光大姚县志》略同。

（七）元谋县的彝族服饰

清代《康熙元谋县志》：“……白彝，性狡，包头，不挽长髻……黑彝，即黑倮㑩。杂处山箐中，缠头跣足，挽髻捉刀。妇人辫发，用布裹头。不分男女，俱披羊皮。嫁女与皮一片、绳一根，为背负之具。衣领以海虫巴饰之，织火草麻布为生。”清康熙时期元谋彝族黑彝支系男女服饰特征为穿麻布或火草衣裤，衣领饰海贝，赤足，妇女辫发，缠头，挽髻，用布包裹，男子缠头。白彝服饰为“包头，不挽长髻”，其他部分应与黑彝相似。元谋东山彝族与武定彝族大体一致，北方彝族属北部方言，服饰与四川省凉山州会理、会东彝族服饰相似，西山彝族大体与大姚、牟定彝族一致。

（八）武定县的彝族服饰

清代《康熙武定府志》，“傈苏：潜居深山，板片为屋，种荞、稗为食。……白彝，即白猡倮，住和曲之麻地、法朗，禄劝之大弥陀、龙潭等处。性狡，包头，洗面不挽长髻。黑彝，即黑猡倮，杂处山箐中。缠头跣足，挽发捉刀，妇人辫发，用布裹头。不分男女俱披羊皮，嫁女与皮一片、绳一根，为负背之具，或用笋壳为帽，衣领以海虫巴饰之，织火草、麻布为生。”

清代《光绪武定直隶州志》：“……彝俗，旧不务蚕桑纺织。知府王清贤设法委曲教导之，始稍知习业……白彝，即白倮猡。住鸡街之麻地、法朗，禄劝之大弥陀、龙潭村等处。性狭，包头，洗面，不挽长髻……黑彝，即黑倮猡。杂处山箐中。缠头跣足，挽发捉刀。妇人辫发用布裹头。不分男女，俱披羊皮。嫁女与皮一片，绳一根，为背负之具。或用笋壳为帽。衣领以海虫巴饰之。织火草麻布为生……，麦岔：住白沙。娶妇以牝牛为聘，吹笙饮酒。担柴荷蒉，治生勤苦。”

《民国武定县地志》：“种类，武定夷民有罗婺、白夷、红夷、花苗、白苗、栗苏、摆夷、篾郎、篾岔九种，因种类不同，言语各异，素不读书，鲜通文字。”民国时武定彝民中，罗婺、白彝、红彝、篾朗、篾岔均与彝族有关，他们早在清代以前就存在，只是方志未详加考察记录。此时，罗婺主要指彝族纳苏支系，白彝指罗罗支系，红彝指乃苏支系，篾朗指撒尼支系，篾岔指密切支系，纳罗支系未提及。

清代《广舆胜览》中《武定等府罗婺蛮》题记：“罗婺，自宋时大理段氏立罗武部长，至元明时俱辖于土司。嘉靖中改归流官，其部落流入云南、大理、楚雄、姚安、永昌、景东等七府。居多在山林高阜，藉地寝处，男子挽发戴笠，短衣披毡衫，佩刀跣足，耕种输税。妇人辫发垂肩，饰以珠石，短衣长裙，皆染皂色（黑色）。其地产火草，绩而为布，理粗质坚，衣服之余或贸于市。"《武定等府罗婺蛮》图像描绘了清代武定彝族罗婺男妇行路途中的场景。男子头戴褐色斗笠，穿黄色右衽长上衣，衽边镶蓝布，系蓝布腰带，披黑褐色披毡，着灰色裤及膝，赤足，手握佩刀。女子辫发垂肩，饰以珠石，内穿红色内衣，外穿黑褐色右衽开叉上衣，衽边镶蓝布，系蓝布腰带，着黑褐色百褶裙，赤足，身背盛有物品的方形竹篮。关于清代武定彝族罗婺图像，很难确认其属于哪个支系。清代"罗婺"兼有地名、族名含义，作为地区代称，主要指以武定为中心的彝族地区；作为族名，则是以武定纳苏为代表的彝族统称。而迁徙到外地，则演变为彝族罗婺支系。从上述图像题记"织火草布，穿火草衣"这一特征分析，与乃苏支系有很大关系，据民族学调查资料显示，使用火草衣的民族主要是分布于武定猫街、白路的乃苏支系。

《清代彝族男妇服饰石刻图》中女子头戴花帽（类似二十世纪七八十年代普遍使用的毛线罗锅帽），帽两侧突起似花状，肩饰披肩，穿上衣和长袍，胸部饰圆形挂饰，着长裙。右手执长烟锅和油灯，左手似执鸟。男子包头缠发，穿长袍至小腿，外穿对襟短衣，着长裤和鞋，右手托笼状物，左手扶腰刀刀柄。此图由楚雄州彝族文化研究院彝文古籍专家朱琚元先生在20世纪80年代至90年代初拓、摄于武定县万德乡耐姆过村，据朱琚元先生考证属清代武定万德彝族贵族服饰，其应属彝族纳苏支系。

（九）禄丰县彝族服饰

清代《康熙广通县志》："土人，不一种……倮㑩，有黑、白两种，重黑而轻白，白狡而黑扑。山居田少，食荞，缠头跣足。妇人辫发，用布裹头。不分男女，俱披羊皮。嫁女，以皮一片、绳一根，为背负之具。或用笋壳为帽，衣领以海虫巴饰之。织麻布，麻、麻绵（疑为棉）市卖之。罗武状类倮㑩，扩（犷）诈好讼，有字书。女不着裤，系桶裙。衣不开襟，从首领而褂之……妇辫发数道，围绕缠头。耳坠铜环，形如铃，有下坠及肩者……摩察，黑爨之别种也，形貌麄黑。男女以青白布裹头。”清康熙时期禄丰彝族黑白倮㑩支系服饰基本特征与清代康熙《楚雄府志》记载基本一致，罗婺支系头饰更加清楚，即妇女辫发数道缠头，耳坠铃形耳饰。摩察为彝族支系之一，男女以青白布裹头，可能穿麻布衣裤。

《民国广通县地志》：“……种类广，属种族有四类：……（二）土夷即倮㑩，四方杂处、多在山坳，语言各异……（三）罗武人口极少，居于高岭，约男女共五百八十四丁口。耕田而食，织麻而衣，语言奇异，俗尚戈猎，散处于县属西、北两区……”彝族罗武支系织麻而衣，即穿麻布衣裤。

总之，云南省楚雄州彝族服饰的发展演变是由当时当地自然环境、生产力水平、历史发展阶段、民族风俗、文化交流等多种内因和外因共同作用的结果。通过以上梳理分析、归纳总结、研究判断，楚雄州民国以前彝族服饰发展概貌已基本清楚。

传统与现代的交汇　风尚与变革的融合
——近现代香港与澳门服装的演化

李　红*

秦始皇统一中国后，先后在南方建立了南海、桂林、象郡三个郡，香港隶属南海郡番禺县。自此，香港便置于中央政权的管辖之下。“二战”期间经历“日治时期”、英国管治时期。1997 年 7 月 1 日，中国政府对香港恢复行使主权，香港特别行政区成立，香港进入了“一国两制”“港人治港”、高度自治的历史新纪元。一个曾经以香料著称的小渔村如今已成为一座繁荣的国际大都市。而在摩天大楼、车水马龙之间，中国传统文化与西方文化融合生长，形成了香港华洋交错的多元气质。与香港相似，澳门地区自秦始皇统一中国便成为中央行政区域的一部分，历经汉唐宋元，逐渐有广东、福建地区来的渔民，成为早期的内地移民。16 世纪中叶开始，葡萄牙、荷兰、日本及东南亚各国来澳门的人口逐渐增长，东西文化开始在此地相互交融，也因此构成澳门服装文化的多元化现象。

一、传统与风尚

服装风格上，早期的港澳皆由华人群体与移民组成，各自遵循自己国家或地区的生活习俗与穿着习惯，彼此的服饰风格迥异，由于社会分工或者贫富差异，各类服饰款式面料各有特点。

---

* 作者单位：中国妇女儿童博物馆。

19世纪中叶以前，香港及新界境内的早期华人移民群体主要由本地、客家、疍家和福佬四个族群所组成。他们保留着传统的风俗习惯，代表了香港独特的服饰文化形象。

早期由广东省、江西省及福建省等地迁移至香港定居的多数人口称为本地人。惠州、嘉应州的客家人迁入后，多数聚居于上游流域及山脚地区。本地人及客家人均在陆上务农为生，他们多着阔脚裤，裤型与腰头脚宽松，裤身无侧缝分割，裤长有露脚踝、露膝盖等长度。因为香港的气候炎热潮湿，所以商业小贩与苦力多穿唐装配长裤，裤口宽大，便于劳作，务农作业者着阔脚长裤时多挽起，露出小腿。

香港的疍民以捕鱼、养蚝等工作为生，薯莨衫是疍家男性平时劳动的便装，属于粗陋布衣，其主要面料一般为棉、麻、纱，还有丝绸。用薯莨胶汁将白棉布染成褐色，经涂泥晒食工艺制作而成，薯莨衫不透水，还能遮光挡雨，易干耐用，适合疍家人平时劳作。下裤为阔脚裤，与上衣同色，部分款式会于领口及衫脚加上撞色包边。至于年长的则穿着深色调或黑色衣服。

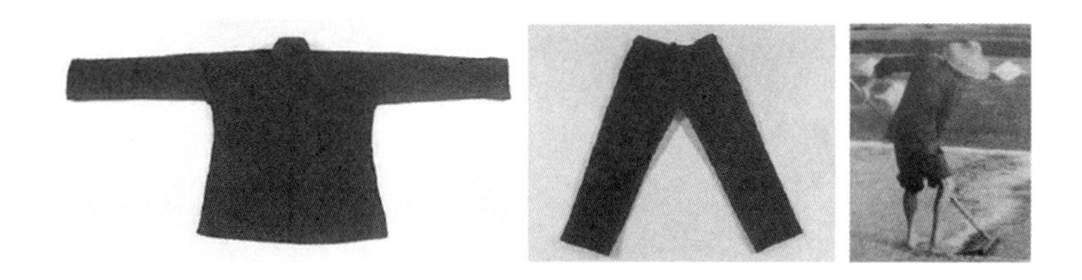

20世纪初疍民男装的上衣与裤子

疍民头戴的竹帽叫八方帽，造型独特，外形似一只碗，并非方形，而是圆形，竹帽的下折边缘与眼睛持平，在出海时戴，遮阳挡雨。

福佬人来自中国东南部沿海的惠州、海丰及陆丰等地，多从事捕鱼活动。福佬的服饰富有民族色彩，尤其是儿童的衣饰，纹样抽象，常见的有几何或水波图案，颜色五彩夺目，善用对比强烈的鲜艳颜色，加上刺绣、补贴的手工，并缀以珠子、闪光、铃儿和链子的陪衬。其风俗及服饰与广东省内的其他族群有明显区别。以衣饰为例，福佬妇女对发髻、发簪等头饰极为重视，所穿的传统服饰为镶阔边大襟衫，袖长而窄，衫上无袋，颜色比较鲜艳。她们所缝制的童服及背带，则多饰以彩珠、闪片、响铃和花边，色彩斑斓夺目，风格独特。

福佬商人一家

香港自《南京条约》成为英国殖民地后，成为重要的通商港口，岭南华人和英国人等外来人口齐聚香港，除了早期移民的本地人、客家人、疍民、福佬四大群体，还有近期移民的中国内地商人、工人、难民等；外籍人有来自欧美的政府官员、商人、传教士，还有他们带来的来自印度、葡萄牙等地的随同人员，这些人群所属的背景文化和穿着的服饰各不相同，却共同生活在这个港岛。

1911 年辛亥革命废除了封建的等级礼仪制度，新文化的推动以及对外海运贸易的发展，香港深受中西方文化冲击，服饰在传统与创新风尚之间交替，其服饰文化由之前的相互独立到逐渐互相影响，从而不断发展，香港服饰呈现出中西并行、新旧交织的文化景观。

香港的外国移民主要来自英国、葡萄牙和印度等国家，因此其服饰既有中式的长衫马褂、袍服布鞋，又有西装革履、礼帽洋靴。在这一时期，香港地区服饰既保留了岭南地域的特色文化也融合了外来服饰的新风貌。

封建时期香港人民的生活情景

与香港相似，澳门也是由内地和葡萄牙及其他不同国家和地区移民组成的城市，各个国家和地区历史文化的迥异，使得澳门服装带有鲜明的文化特征。近代以来，传统服饰占据主要地位，随着贸易流通，移民混居，不同风格风尚也影响着澳门服饰的变化。

19 世纪中后期的澳门，来自内地的人们以汉族传统服装为主，上衫以袄衫居多，下着袄裙或袄裤。袄衫为斜襟，多数是右衽大襟衫，以盘扣系结，衣长至膝盖上下，尺余宽袖口，里面或配以不同色系的里衫。20 世纪初，袄衫的袖子和衣身逐渐收窄，下身着马面裙或阔腿裤，与同时期香港地区华人女性的着装相似。当时，澳门还常见长裤样式的下装，材质多为绣花绸缎，裤型比前期略窄。颜色上，年轻女性多用金绣浅色，中年妇女都用青、蓝、紫等深色系。

少数上流社会的女性穿着满族旗服，旗服的样式与广东地区的相同。款式宽大，长袍一般绣以丝质花纹。与之搭配的是满族特色的花盆底鞋和白色长袜，旗服外面往往加穿短款的坎肩。

劳动妇女普遍穿着汉族服饰，宽松舒适、深色耐脏、装饰简单。上衣下裤的颜色搭配也没有过多的讲究。

出生于澳门、具有葡萄牙血统的葡籍居民“土生葡人”，其服饰并不受中国服饰文化的影响，土生葡人男性为了适应亚热带气候，选取较薄的面料，款式仍保存原有的民族服饰的风格，土生葡人女性日常服装则有几种。

封建时期香港上流社会女性服饰写照

一部分土生葡人女性穿长衫或旗袍衫和欧洲式样的服装。该服饰由无领薄短衫、腰裙和披风三大部分组成，服饰面料轻薄，适合在亚热带炎热的夏季使用。

19 世纪末，小部分富商葡人的妻子以日本的长衫或中国式的旗袍衫取代以前的服饰，土生葡人女性在家中仍然穿着 17 世纪时澳门的葡萄牙女性在家迎客的时候穿着的外衣，材质为漂亮高雅的印花丝绸，上面有纯手工镶制着金线的精致图案，相似于和服或者短衫。

19 世纪中后期到 20 世纪初的澳门土生女性“衣则上而露胸，下而重裙”。她们穿着用紧身胸衣将身体塑造成优美而流畅的 S 形曲线，再搭配包裹臀部、下摆张开呈喇叭状的长裙，从肘部以下收紧的羊腿袖，极高的束领，腰间附一束身腰带，胸前有两三道平行的荷叶边，并有大量的褶皱，外衣下面搭配白色衬衫，衬衫为花边立领。腰带提至胸下，使女人们的身体看上去更加纤细。其服装色彩以深色居多，胸前还别一白色假花做装饰。

衣着中式旗袍的葡人妻子

另一部分马来、印度的当地女子或葡亚裔混血女子的服饰应该是从印度经马六甲而传入的短衫长裙和印度莎丽的综合体，长裙是用一块布裹住腰以下部位，上身是一件紧身的薄短衣。妇女们外出时还可以用这块布蒙在头上做面罩或披风使用。有资料记载当时的女性“披着果阿（或马六甲）式样的披肩，作为户外的行头”。这些人的服饰与葡萄牙在16世纪时曾流行过的一种服饰“萨拉瑟巴糯”相似，“萨拉瑟巴糯”上身是一件轻薄的和服短衫，下身是一围做裙子用的腰布，还有一件用作面罩或者披风的面纱。

到了19世纪50年代，澳门时尚的华人女性多穿一种当时较为时兴的改良旗袍。20世纪初，由于旗袍经济实惠，又能体现女性的体态之美，所以在澳门已普及，学生、家庭主妇以及各职业女性都有穿着，当时的大多数澳门华人女性都以中式服饰为主，配以西式的高跟鞋、手提包和西式帽子作装饰。旗袍款式普遍为圆领、右襟，领子有高低之分，袖子长短不同，门襟也分单襟、双襟、直襟、斜襟、琵琶襟等多种。旗袍材质有单、夹、棉、皮几种，年长者用深色系，年轻人则以浅色系为主。面料纹样有花卉、格子图案等。20世纪30年代受到电影明星的影响，旗袍开衩越来越高，直至大腿位置，到了四五十年代，旗袍普遍短小而轻巧。服装主要强调女性的曲线美，色彩鲜艳，追求不同面料的拼接与多种新式图案的运用。

劳动女性长期穿着上衫下裤，右衽、修身、小立领、短袖甚至无袖，舒适方便，易于劳动女性长期穿着。劳动女性脚上穿着布鞋，也有穿弓鞋、木屐和包头鞋的女性，甚至有打赤脚者。

19 世纪中后期的葡亚裔混血女子

殖民时期葡萄牙与亚裔混血人民的生活掠影

身穿旗袍的女性和着混装的男性

19 世纪六七十年代以后，欧洲服饰被传入澳门，土生葡人以及很多华人的服饰受到了很大的影响。澳门土生葡人女性的服饰开始向简洁、轻便、多样化发展，款式上仍然是以欧式 S 形连衣裙为主，裙子下摆逐渐提高至小腿，领口由紧束型领口转变为圆领、V 字领和翻领等，工艺手法有拼贴、褶皱和添加等。帽子与高跟鞋也是各式各样。

劳动妇女日常衣帽形象

二、开放与融合

由于时代的变迁，历史文化差异也在逐渐融合中。20 世纪 50 年代以来，无论香港还是澳门服饰普遍综合化或西化，大体来说，既有穿着中式旗袍搭配外套的、穿着西式大衣搭配小脚裤或者连衣裙的，也有穿翻领夹克小外套和西方流行的高腰束身连衣裙的女性。

20 世纪 50 年代，香港人已开始重视衣着。男装以西式为主，如 T 恤衫、西裤。男西装款式流行大襟、阔领的外套及内衬背心。女装连衣裙上身贴身，下身发散，但能展示优美曲线的旗袍是主流正统。60 年代，兴欧美时装风潮，男装潮流从大襟、阔领风格转向细襟领、贴身款式；女装方面流行仿西装款长衫、A 字裙，女士的大波浪发型也渐渐流行开来。电影《花样年华》中的张曼玉造型可以说是典型的形象，也使旗袍在当代成为一种时尚潮流。

20 世纪 70 年代，本地设计开始发展起来，1970 年香港贸发局举办了第一届香港时装节，香港本土的服装也开始走进人们的视野。男装方面，西装革履依然是文人的象征，同时喇叭裤、T 恤、牛仔裤等休闲风格的时装开始流行。女装开始流行起修腰裙子和热裤，旗袍已成为高价时装。70 年代香港时装生产还是以加工为主，但出现了一批本土时装及设计师。80 年代，本土时装、日韩风席卷香港，其制衣业发展步入高峰，服装生产走起高端路线。萝卜裤、灯笼裤、长裙裤和运动套装都深受欢迎。

衣着各异的一家人合影

真正意义上的香港时装品牌是从20世纪90年代开始出现的，香港开始摆脱代工国外时装品牌的命运。伴随“80后”一代潮流青年一路成长的简约休闲服装品牌崛起。2000年，全民时尚辐射内地，潮流文化直接影响着内地的时装，香港打造的购物天堂再次引起内地对香港的向往。

在澳门现代化大潮中，无论华人服饰还是土生葡人服饰也受到现代开放思想和西方文化融合的影响，在传统服饰的基础上根据自身服饰的特点加入了新的元素。

20世纪60年代，澳门女性的着装打扮普遍偏向中性，衬衫和西裤是大众化搭配。旗袍的样式和50年代相同，只是图案和色彩搭配方面有新的创意，面料纹样新颖多变。此时期的旗袍比起前期更为修身，裁剪充分展示了女性的身体曲线。随着世界流行趋势的休闲个性化之风盛行，澳门的服饰也逐渐趋于休闲时尚，服饰穿着随意。女性多数穿衬衫短裤，显得随意而精神。70年代，随着国外服装的流行风潮的变化，澳门女性的服饰也异彩纷呈、种类繁多。有穿中式旗袍搭配花式外套的，旗袍长度各异，但都在膝盖以下的位置、两边开衩，搭配手提包、尖头单鞋。也有穿着西式大衣或夹克搭配小脚裤或者连衣裙的，大衣纹样以格子为主，格子大小不一，有翻领和无领之分。

20世纪60年代的澳门女性

总体来看，18 世纪末到 19 世纪初，澳门华人群体的服饰主要以上衣下裳或旗服为主，土生葡人群体除了一部分坚持穿着前几个世纪的“萨拉瑟巴糯”着装，也有穿着新式欧洲样式服装的现象。19 世纪 50 年代到 80 年代，澳门女性服饰的种族性逐渐模糊，除了仍有小部分人们坚持穿着传统的服饰外，各群体的女性都普遍接受西方传入的潮流服饰。

近现代，各色人群齐聚于香港与澳门，每个群体所属的国家历史背景与传统习俗的不同使这些族群各自对服饰有着特殊的审美喜好与情感要求。在经历了渔岛、殖民、回归和百年的文化融贯东西之后，成就了港澳服饰现在的丰富性和多样性。当代的港澳，来自粤、港、台、内地的著名设计师云集，共同缔造着业界的时尚风向标，东西文化融汇之都的香港与澳门正迎来更多元化的时尚混血风潮。

港澳都是我国最早的中西文化交流中心，具有悠久的多元文化并存交融的历史，其城市的移民历史、价值观念、集体记忆等形成了各自独特的本土文脉资源。在认同和珍视的基础上，如果能充分挖掘港澳文化中的多元文化并存交融、不同族群和谐共处的基因，合理、充分加以利用，形成本土文创产业并加以激励，将中华文化和港澳特色文化向外推广，一定能够提升这两个城市的城市软实力，将其打造成为中华文化中具有自身独特价值和内涵的重要组成部分。

色相衣衫——浅析颜色对中国服饰文明的承载

邓丽元*

一、论“色”

按照明末的闵齐伋《六书通》中考证，“色”字最早是指一个人驮另一个人，仰承其脸色。根据隶定字形解释，色字从刀，从巴。“刀”指“切碎”，引申指“碎粉”“细末”；“巴”意为“附着”“黏着”。“刀”与“巴”联合起来表示“以粉敷脸”。也就是说最初的“色”字，是指人的面部颜色。

“色”字的隶书体

老子的《道德经》第十二章中说：“五色令人目盲。”人对于颜色的认知大多都是依赖于我们的感官，也容易沉溺于感官。《说文解字》中说：“色，颜气也。人之忧喜，皆著于颜，故谓色为颜气。”又如：面色（脸上的气色）、色喜（脸上显出欢喜之色）、色笑（开颜欢笑）、色沮（脸色露出沮丧的样子）、色变振恐（恐惧得脸上变色）、色庄（容貌庄重严肃）、色智（表现在容色上的才智）、喜形于色。

---

* 作者单位：红馆旗袍创始人。

·我们没有老子的深广智慧，显然也不能完全参透老子的话。如今，我们所说的“色”多是以色彩的含义为主。北京大学孟昭兰教授主编的高等学校心理学专业教科书《普通心理学》明明白白地写着：“颜色不是光波本身的物理属性，而是不同波长或者频率的光波作用于眼睛而产生的视觉属性。不同波长的光产生的颜色感觉不同。波长为700nm的光看上去是红色，400nm左右的光看上去是紫色……”人的眼睛是根据所看见的光的波长来识别颜色的。可见光谱中的大部分颜色可以由三种基本色光按不同的比例混合而成，这三种基本色光的颜色就是红、绿、蓝三原色光。这三种光以相同的比例混合并且达到一定的强度，就呈现白色（白光）；若三种光的强度均为零，就是黑色（黑暗）。

识别色彩对于远古智人来说起着重要的作用，让他们可以辨别自然，进而改造自然，而与我们人类有“近亲”关系的猿就没这么幸运了，它们过着平淡无奇的灰色生活。还有田鼠、家鼠、黄鼠、花鼠、松鼠、草原犬等也不能分辨颜色。长颈鹿能分辨黄色、绿色和橘黄色。鹿对灰色的识别力最强。更有趣的是，斑马虽然是色盲，它却能利用色彩来保护自己。

中国的先人们在无法掌握物理学和光学知识的时候，不能客观地对色彩的产生做出解释，但他们的审美情趣却是丰满至极，当人心有所感，则喜怒哀乐爱恶欲之气，即会现于眉宇间。于是，色彩对先人们产生了很多影响。

《庄子·天地》中说：“夫失性有五：一曰五色乱目，使目不明。”色彩纷乱，使人眩惑难辨，以致失去正确的色觉。不仅如此，“色”被引申到了更多感受，《论语·季氏》云：“少之时，血气未定，戒之在色。”儒家思想在“色欲”的问题上，很重视防微杜渐。可见古人造字用意极深，无不期望后人见字戒惕。

更高一筹的还有佛家的经典解释：色是世界的一切有形之物，包括我们人自身。这种解释是非常广义的，狭义的解释则是美色、女色、颜色。佛说“色即是空，空即是色”。那么，空又是什么呢？是什么也没有吗？佛家肯定不是用一个空字来否定一切事物的存在，否定了一切事物的存在，也就否定了佛本身，否定了他自己，否定了他的说教。按照佛家对色的解释，色是一切有形之物，如果色即是空，那么，空也就是一切有形之物。

若一切事物存在的结局都是幻灭，那我们为什么要进化出能够分辨斑斓万物的肉眼？如果万事万物皆为黑白，我们的内心就能如想象般获得宁静吗？所以，既然我们有了这样珍贵的眼睛，我们就应该用它来辨别万物，去探寻中国服饰文化中的姹紫嫣红，五彩斑斓，去寻觅颜色在中国服饰文化中的负担与承载。

二、中国古代服饰的五色观

中国的服饰文化和历史源远流长，如果从颜色方面剖析的话最经典的要数中国的传统五色观。这也是老子说“目迷五色”的原因。先人们把蓝、红、黄、白、黑（青、赤、黄、白、黑）五种颜色赋予了丰富的文化内涵，五色观系统地反映了古人的思维结构、文化内涵以及经济领域，是中国古代服饰色彩学科方面的重要成果之一。

（一）色红

“红”字的篆体字，与很多的衣物相关的字体一样，都是“丝”字旁，可见生来就与染料有关，与衣物服饰脱不了干系。

红，是中国人最爱的颜色。自古以来，逢年过节、婚嫁喜事，从服装用具、装饰配备，通常用大红的颜色来体现喜事的风采，不仅表达了对节日的祝贺，内心的喜悦也从红红的喜气当中散发出来。这象征吉祥的红色，也传递了恒久的喜庆气息。

“桃红又见一年春”，捎来的是春来花红柳绿、姹紫嫣红的景色。因此在文人墨客当中，“红”也常为诗人的最爱，把“红”发挥得淋漓尽致。朱熹的《春日》中说：“等闲识得东风面，万紫千红总是春。”文同的《约春》中说：“红情绿意知多少，尽入泾川万树花。”写尽春天景色的艳丽多彩。然而“醉貌如霜叶，虽红不是春”“停车坐爱枫林晚，霜叶红于二月花”，却道出了秋红的另一番韵味，这深艳的红叶比起春天的红花更加炫灿夺目，在萧瑟的秋日，展现了深红的壮丽景观。

先人们对于红色的热爱表现在他们发明了很多种词汇来指代不同的红色，比如按照颜色的深浅程度来分，有绛、赤、朱、丹、红，等等；从制作的原材料不同又可以分为赭、丹、茜等称呼。

“落红不是无情物，化作春泥更护花。”含苞的娇嫩，绽放的艳丽，终有谢落之时，此刻岂是无情，那是延续花树生命成长的动力。落红，更没有忘记树根的哺育，它宁愿化为春泥，来回报花树的养育之恩，等待来年的绿荫。万物生息的变化，充满着浓郁的情感，深深体会才能了然原来花草树木也有这般的情义，令我们肃然起敬。

先人们的眼中世间万物皆是这么美，因此我们想要了解古时的服装中的审美情趣，必须先弄懂这些颜色。

1. 绛

绛，先人们用它来表示最深的红色。《说文解字》中说：“绛，大赤也。”《释名》：“绛，工也，然之难得色，以得色为工，绛色难染，染成者即为巧工。亦有绛草，植物，也称紫草，可做染料。”《尔雅》：“绛，绛草，出临贺郡，可以染食。”

绛色，这种浓重的颜色在汉代应用很广泛，东汉时期以绛纱作帐，后人以“绛帐待坐”来比喻学生就学。

2. 赤与朱

赤，从火。人在火上，被烤得红红的。一说“大火”为赤。本义：火的颜色，即红色。放在火上烤，烤成熟肉，自然暗色是比绛色要浅的颜色，相比朱色更深。

朱，先秦的古人认为是最纯正的红色，是南方松柏木的树心的颜色。所以自古，人们就熟悉了朱色。

“赤”字常与“朱”字一起使用，留下很多词语如“近朱者赤”“朱深为赤”。

中国帝王服装的红色，文献记载始于周朝，由朱砂和丹秫混合染成。染一遍叫红，染三遍叫赤，染四遍叫朱。赤色偏深，朱的色相最饱和。帝王服装用朱，诸侯服装用赤。作为矿物染料的朱砂，最高档的是湖南辰州出产的光明砂，色相接近朱红。湖南长沙马王堆汉墓棺画和帛画中的朱砂，可以作为佐证。

西汉末年，封建社会矛盾激化，樊崇等农民起义军担心自己部下与王莽兵混淆不清，于是令自己部下“以朱涂眉”以相识别，朱色为纯红，眉毛是黑色的，混在一起就是赤色，从此号称“赤眉军”。

3. 丹与彤

丹，是比较鲜亮的红色，日出的颜色。唐代知名学者李善注：“丹，丹砂也。”古代用作染色的颜料。《意林》卷四引汉王逸《正部》中说：“皎皎练丝，得蓝则青，得丹则赤。”

丹砂也称“朱砂”，很多时候在这两个字的使用中没有明确的界限，但是这两种颜色是肯定有区别的。在《礼记·玉藻》中规定天子、诸侯、大夫、士人乃至百姓各该穿什么样的服饰。“玄冠朱组缨，天子之冠也。缁布冠缋绥，诸侯之冠也。玄冠丹组缨，诸侯之齐冠也。”天子戴朱缨，诸侯戴丹缨，可见“丹”自然低“朱”一等。

彤，从丹，从彡。丹就是上面所讲的丹砂。彡，毛饰。即本义从丹演化而来，时常用来指代红色，例如《尚书·顾命》中有“王麻冕黼裳，由宾阶隮。卿士、邦君。麻冕蚁裳，入，即位。太保、太史、太宗，皆麻冕彤裳。”黼指古代礼服上绣的半黑半白的花纹，蚁指玄色，彤是红色。彤裳，红色的衣服。

4. 红

红，从糸从工，工亦声。“糸”指彩虹的色条系列。“工”为“虹”的省写。“糸”与“工”联合起来表示“彩虹的最外层（表层）色条”。最早的含义其实是粉红色，《论语》中说“红紫不以为亵服”，君子不用红色、紫色作便服。后来红字泛指各种红色，而其本义在汉代以后就逐渐变化了。

5. 茜

茜，指茜草，在古汉语中也指“深红”。多用于表达红色，如：茜纱（红纱）、茜衫（红色的衣衫）、茜红（绛红色）、茜罗（绛红色的薄丝织品）、茜裙（红色的裙子）、茜绶（红色的印绶，比喻官爵尊贵）。

唐代李商隐《和郑愚赠汝阳王孙家筝妓二十韵》中有“茜袖捧琼姿，皎日丹霞起”。红色的衣袖簇拥着美好的丰姿，如同升起了明亮的太阳和艳丽的红霞。

小结：

秦汉是中国历史上秦、汉两朝大一统时期的合称，秦汉是中国社会转型期，也是中国文化的整合期。这一时期逐步地形成了国家治理体系，所以在民间效仿宫廷穿着红色的衣裙时，并没有被阻止。同时，汉朝初期实行休养生息政策，大量纺织品的增加，让更多身着红色衣裙的女子有了展示美丽的机会。

唐代《宫乐图》描绘了一群宫中女眷围着桌案宴饮行乐的场面，共画十二位人物，其中贵妇十人，一个个高绾发髻，衣着华丽，姿态雍容，环案而坐，两个侍女则站立长案边，在旁侍候，她们吹奏畅饮，好不热闹。有的穿着红色的长裙，有的带着红色的纱巾，有的披着红色的罩衣，由此可见，红衣在唐代受到很多人的喜爱。

《宫乐图》为唐代佚名创作的绢本墨笔画，现藏于台北故宫博物院

要说唐代最流行的，当数石榴裙，它是唐代年轻女子极为青睐的一种服饰款式。这种裙子色如石榴之红，不染其他颜色，往往使穿着它的女子俏丽动人。唐人万楚在《五日观妓》中说：“眉黛夺将萱草色，红裙妒杀石榴花。”

白居易在《琵琶行》中，曾描写了那位弹琵琶的女子色艺惊人：“钿头银篦击节碎，血色罗裙翻酒污。”这“血色罗裙”即是石榴裙。石榴裙流传的时间很久远，明代唐寅在《梅妃嗅香》一诗中写道：“梅花香满石榴裙”，虽写的是唐朝之事，却可看出当时现实生活中，此种款式的裙子仍为年轻女子所珍爱。

由于石榴裙经久不衰，于是俗语中说男人被美色所征服，称之为“拜倒在石榴裙下”，至今仍在鲜活地用着。

（二）色青

其本义是蓝色、蓝色矿石或草木的颜色，后延伸至绿色、黑色，又可形容茂盛或年少的样子。《说文解字》认为是“东方色”，因而可以代指东方，其义又可延伸至青绿色的草、未成熟的农作物和竹简等。

在发现的甲骨文中的“青”由“中”和“井”组成，表示某种产自矿井的东西。其造字本义为从矿井采掘的苔色矿石——青金石。古人将这种矿石研磨成粉末，作为重要颜料。

自古以来“青”有很多的象征和指代，从此可以看出先人们对青的喜爱。青包含的过渡区间非常广泛，青色是中国特有的一种颜色，在中国古代社会中具有极其重要的意义。青色象征着坚强、希望、古朴和庄重，中国古代服饰中常常采用青色。

1. 青和靛

青和靛不同，有波长可以区分。青色是在可见光谱中介于绿色和蓝色之间的颜色，有点类似于天空的颜色。青色究竟是指蓝色还是绿色，在文字描述上常无法确切表达出肉眼所见的效果。青色是一种介于蓝色与绿色之间的颜色，由绿色光与蓝色光等量混合，如果无法界定一种颜色是蓝色还是绿色时，这个颜色就可以被称为青色。

《释名·释彩帛》云：“青，生也，象物生时色也。”这里的“青”指的是青草和未成熟作物所有的嫩绿色。“青”还指黑色，“青鬓”指乌黑的头发，比喻年轻人，如唐人韩琮诗云：“金乌长飞玉兔走，青鬓常青古无有。”“青丝”可比喻黑发，如唐人李白诗云：“君不见高堂明镜悲白发，朝如青丝暮成雪。”由此可见先人们对于青色的指代非常宽泛，用法也是千变万化。

“青青子衿，悠悠我心”出自《诗经·郑风》。这首诗写一个女子在城楼上等候她的心上人，可久等不见他来，急得她来回走个不停，一天不见面就像隔了三个月似的。“青青子衿”是以恋人的衣饰借代恋人，对方的衣饰给她留下这么深刻的印象，使她念念不忘，可想见其相思萦怀之情。

靛，用蓼蓝叶泡水调和石灰沉淀所得的蓝色染料，称“靛蓝”，亦称“靛青”“蓝靛”，是蓝色和紫色混合而成的一种颜色。

人类很早就开始使用靛青染料，中国的古谚“青出于蓝而胜于蓝”出自公元前300年战国时期荀子的著作，可见靛青染色技术至少已使用了两千多年。这个技术是将蓼属植物的叶或茎拿来作染料使用，但是其作为靛青染料的原料其实是相当浅的蓝色，经由不同的提炼技术变化出多样染法。以日本为例，从飞鸟时代就已经将靛青染料用在衣服之上，随着时代演进而变化出浅蓝、淡蓝、靛青、藏青等多种颜色。

2. 绿

《说文解字》中说：“绿，帛青黄色也。”从“糸”旁，显然也是漂染制色之意。绿色是自然界中常见的颜色，是一种比刚长的嫩草的颜色深些的颜色或呈艳绿，在光谱中介于青与黄之间的那种颜色。

《诗经》中有：“绿兮衣兮，绿衣黄裹。心之忧矣，曷维其已！绿兮衣兮，绿衣黄裳。心之忧矣。曷维其亡！绿兮丝兮，女所治兮。我思古人，俾无訧兮！絺兮绤兮，凄其以风。我思古人，实获我心！”“绿衣黄裹”是说的夹衣，为秋天所穿；“絺兮绤兮”则是指夏衣而言。这首诗应作于秋季，诗中写诗人反复看的，是才取出的秋天的夹衣，人已逝而为他缝制的衣服尚在，衣服合身、针线细密使他深深觉得妻子事事合于自己的心意，这是其他任何人也代替不了的。所以，他对妻子的思念，他失去妻子的悲伤，都将是无穷尽的。此处的“绿”通“褖”，所谓“褖衣”，是周礼中诸侯夫人的服装之一，通常是黑色，以素纱为里。褖衣以黄色作里子，是讽刺礼崩乐坏之用，若把次句误解成“绿色的衣服黄色的里子”就差之甚远了。

白居易《忆微之》：“分手各抛沧海畔，折腰俱老绿衫中”比喻官位卑微。唐代六七品官服绿，唐代低层官吏所穿的绿色衣衫被称为绿衫。

3. 蓝

蓝，本意是指用靛青染成的颜色、晴天天空的颜色，植物名。《诗·小雅》和《荀子·劝学》均有记载。

“终朝采绿，不盈一匊。予发曲局，薄言归沐。终朝采蓝，不盈一襜。五日为期，六日不詹。之子于狩，言韔其弓。之子于钓，言纶之绳。其钓维何？维鲂及鱮。维鲂及鱮，薄言观者。”

大概的意思是说：整天在外采荩草，还是不满两手抱。头发弯曲成卷毛，我要回家洗沐好。整天在外采蓼蓝，衣兜还是装不满。五月之日是约期，六月之日不回还。这人外出去狩猎，我就为他套好弓。这人外出去垂钓，我就为他理丝绳。他所钓的是什么？鳊鱼鲢鱼真不错。鳊鱼鲢鱼真不错，钓来竟有这么多。

“终朝采绿，不盈一匊”，采绿者手在采菉，心已不知飞越几重山水，心手既不相应，自然采荩难满一掬。那么所思所念是什么，诗人并未直白，而是转言“予发曲局，薄言归沐”，卷曲不整的头发当然不是因为没有“归沐”，而是“谁适为容”。文中表达的都是女子对丈夫的思念。

“绿”所指为菉草，“蓝”也不是泛指蓝色，而是对应于荩草，指代蓼草这种植物。

最初的蓝颜色是从植物中提取出来的，一年生草本植物。叶形似蓼而味不辛，干后变暗蓝色，可加工成靛青，作染料，叶也供药用。又泛指叶含蓝汁可制蓝靛作染料的植物，是中国古代最重要的染草之一。早在西周就设有“掌染草”一职，是掌管染料的职位。

4. 翠

翠，本义是翡翠、翠玉，杜甫《绝句》有：“两个黄鹂鸣翠柳，一行白鹭上青天”。由此可见，翠是一种色泽艳丽的颜色，翠色欲滴就是翠绿得要滴下水来，将要滴出来，给予人以生命蓬勃的感觉。

《说文解字》中说：“翠，青羽雀也。”翠鸟自额至枕蓝黑色，密杂以翠蓝横斑，背部辉翠蓝色，腹部栗棕色；头顶有浅色横斑；嘴和脚均赤红色。从远处看很像啄木鸟。因背和面部的羽毛翠蓝发亮，故通称翠鸟。翠因此被引申为青、绿、碧之类颜色。

5. 碧

碧，是指绿色，也指青和绿相混的颜色，古代也指浅蓝色。本意是指青绿色的玉石，《庄子·外物》：“苌弘死于蜀，藏其血，三年化为碧。”后来就代指青白色。江淹《别赋》有“春草碧色，春水绿波”的名句千古传诵。

明代张宏的《青绿山水图》

中国画里有一种用矿物质石青、石绿作为主色的山水画，有大青绿、小青绿之分。前者多钩廓，少皴笔，着色浓重，装饰性强；后者是在水墨淡彩的基础上薄罩青绿。

青绿山水画至明代形成了一个发展高峰，涌现出了很多优秀的山水画家，画法不断推陈出新，使青绿山水画这一传统题材得到长足发展。

其中仇英、张宏以实景青绿山水闻名画坛，开创了青绿山水画的新格局。

张宏的《青绿山水图》作为山水画的重要代表作，为后世所推崇。此图中峰峦挺秀，烟雾弥漫，云光翠影，意境清新。岩头水边，古树丛生。一隐士临溪席地而坐，仰视对山飞泉，一仆捧物而来。人物勾勒简明，形神兼备。用笔简中见工，色彩清丽。此画构图深远壮阔，笔法苍劲古拙，墨法苍润，格调苍劲秀雅，布局含蓄谨严，峰峦挺秀，烟雾弥漫，云光翠影，意境清新。碧为图中的主要表现颜色。

小结：

青色与诸多的中国古代服饰传承文化相连，作为当时学习和继承中国传统文化的读书人，多将自己的服色定为青色，似乎在当时是理所当然的事情，这种结合也为青色增添了很多儒家之气。

（三）色黄

黄色应该是中华民族最早认识的颜色之一。中国古代黄色是高贵的颜色，先人们非常崇拜黄色，甚至将其视为君权的象征。主要是因为古人以“五行”来解释天地万物。五行即金木水火土，分别代表五个方位和五种颜色。如东方属木，代表色是青色；西方属金，代表色是白色；南方属火，代表色是赤色；北方属水，代表色为黑色；中央属土，代表色是黄色。

另外，先人们还认为这五个方位分别有一位统治者，即青帝、白帝、赤帝、黑帝、黄帝。在这五帝之中，我们最为熟悉的就是黄帝，因为其位于中央，五行属土，故为黄帝。又因为土地的颜色也是黄色，地处黄河流域的黄帝正是农业文明的始祖，故而我们的祖先对黄色有一种天然的亲近感和崇敬感。

清康熙明黄云龙妆花缎袍（现存北京艺术博物馆）

此后这种思想又与儒家大一统思想融合在一起，认为以汉族为主体的统一王朝就是这样一个处于“中央土”的帝国，而有别于周边的“四夷”，这样“黄色”通过土就与“正统”“尊崇”联系起来，为君主的统治提供了“合理性”的论证。再加上古代又有“龙战于野，其血玄黄”的说法，意思是说，龙在田野中交战的时候，流的血是黄色的，而君主又以龙为象征，黄色与君主就发生了更为直接的联系。这样，黄色就象征着君权神授，神圣不可侵犯。周代以黄钺为天子权力象征，隋代以后皇帝要穿黄龙袍，黄色成为君主独占的颜色。

中国自唐朝以后，明黄色是皇帝专用颜色，“以黄为贵”，黄色常常被看作君权的象征。到了清代，皇帝服饰上龙袍加身，以示威严，“尚黄”思潮更是表现得无以复加，如八旗之中的上三旗即分别为镶黄、正黄、正白。此外，规定了皇帝使用明黄（淡黄色），皇室使用杏黄，其他人只有皇帝特别恩赐，才可以拥有，如黄马褂之类，而老百姓则根本不能接触黄色。由于多数帝王重视和依赖佛教，遂将只有皇权能用的黄色给寺院用，所以寺庙建筑外墙和僧人服饰的色调多为黄色。

（四）色黑

黑，上面是古“囱”字，即烟囱，下面是“炎”（火）字，表示焚烧出烟之盛，合起来表示烟火熏黑之意。《说文解字》中说：“黑，火所熏之色也。”

早在先秦时期，黑色就盛行于官吏和贵族，其中最有代表性的就是当时的龙袍。中国最早的龙袍不是红色和黄色，而是庄重而深邃的黑色。到了汉朝承袭秦朝的制度，官服仍然使用黑色。

汉朝以后，官服变得多姿多彩，但是黑色仍然被保留了下来，其中长久保留的乌纱帽就是黑色最好的鉴证。

（五）色白

白，本义为日出与日落之间的天色。根据隶定字形解释，为会意字，从丿从日。“丿”意为“不”，写在“日”的左上角，表示“在前的不算（日出前的天色不算）”，转义为“开始（从日出开始）”。“日”指太阳，“丿”与“日”联合起来表示“从日出开始（到日落前）的天色”。东方发白，太阳冉冉升起，大地万物勃然生动；夜幕低垂，洁白的月光，带来了宁静与温馨，驱散了暗夜的阴沉。

白色被古人视为各种色彩的基础色，有了白色，其他颜色仿佛才有了安身立命之所。《淮南子》里就说："色者，白立而五色成矣"。这句话本身借鉴了老子的弟子子文的著作，其中包含了道家思想的朴素辩证的观念。儒家的白是秩序的纯正，道家的白是一种形而上的虚无，佛家的白是五蕴皆空。在岁月的流变中，白色形成了自身独特隽永的文化意蕴。细腻洁白的宣纸、温润如脂的白玉、晶莹秀美的白瓷，这些都是白色留在中国传统文化中的永恒印记。

白色是丝绸的本色。由于印染术的出现，人们将白色丝绸染成各种颜色。在汉民族文化中，白色与死亡、丧事相联系，如"红白喜事"中的"白"指丧事，如自古以来亲人死后家属要披麻戴孝（穿白色孝服）办"白事"，要设白色灵堂，出殡时要打白幡。

白色虽在我们的文化里有纯洁高尚的含义，但崇尚白色的王朝是非常稀少的，根据史书记载商朝以白色为国色，但商朝处于上古时期，难以考证。元代崇尚白色和青色，由于蒙古族等北方民族生活在青天白云的地域所形成特定的色彩崇尚习惯，所以他们对白和青有着一种天然的崇敬和向往。所有这些，我们都可以认为是色彩的知觉规律在不同朝代和时代的不同体现。

三、五色观对中国服饰文化的负担与承载

在中国色彩文化发展的历史长河中，五色作为一种经典的色彩体系，起源于原始氏族社会对色彩的崇尚，萌芽于奴隶社会殷商时期，形成于先秦时期，完善发展于秦汉时期，它是我国古代人民哲学思想的观念和智慧的结晶。五色观对于中国的传统服饰有极其深远的影响和含义，各个民族的服饰文明始终都映射着各个民族的精神。在不同的历史时期，不同朝代的服饰文化被赋予的色彩意义各不相同，通过经验性的感知和文化观念的影响，慢慢构建了五色观的色彩体系。中国服饰对于色彩的感知，不仅仅是感性的，更重要的是被赋予了各个朝代的人文思想，进而形成不同的色彩观念。

在追求色彩和谐的历史过程中，我们的先人用他们的实际经验总结了很多能达到色彩和谐的原则和方法，这些理论被 19 世纪伟大的设计师欧文·琼斯在他维多利亚时代伟大的巨著《装饰法则》中被加以总结，并盛赞中国传统装饰纹样在色彩搭配方面的天赋，即使是在鸦片战争时期。欧文·琼斯从中国的许多装饰纹样色彩中总结了很多条关于色彩搭配的原理，我们可以看到这些原理在中国的传统装饰色彩中是如何一一体现的。例如，“在小面积上少量使用三原色，同时在大面积上辅以间色和复色能取得极佳装饰效果。”这点在清代的很多印染织绣品中都可以看到，比如“清乾隆缂丝石青底八团龙褂”中以石青色为底，圆形的龙纹装饰图案中红黄蓝三色全部都有，但面积非常小，只起点缀的作用。书中很多条原理都是欧文·琼斯根据中国的装饰纹样的色彩总结出来的。这说明在当时的社会，中国古代的装饰色彩对世界上的服装影响是巨大的、深远的。

清乾隆缂丝石青地八团龙褂（北京故宫博物院藏）

通过上述所总结的色彩的搭配规律在中国历代服饰作品中的印证，我们可以知道中国古代的色彩文化是非常发达和先进的。很多现代才总结出来的原则，其实早在中国古代就被工艺美术匠人们得到了运用和发展。也难怪欧文・琼斯赞叹中国人是最会运用色彩的民族。

在这片自古以来就特别会运用色彩的土地上，着力于探析中国服饰的色彩，我认为是一件非常有意义的事情。不仅可以对现代服装设计有着良好的引导作用，还有利于将服饰与历史紧密结合，赋予服饰更多文化内涵，帮助现代设计更具有自己的民族特征，而不是一味地跟风于欧洲和日本设计大师的形式和色彩，更会有利于杜绝盲目抄袭。我们常自豪地说民族的也是世界的，让富有中国历史文化内涵的服饰走向世界，立足于服装界的高级殿堂，是我们新一代设计师的责任和使命，这也是我们研究历史服饰美学的初心。

论中华传统服饰文化之和谐美[*]

张慧琴[**]

我国素有“衣冠王国”之美誉，中华传统服饰文化历史悠久。服饰的起源，众说纷纭，适应环境说、安全保护说、遮羞说、炫耀说、美饰说……不一而足。服饰因各地自然条件、环境气候差异明显，其形制也各具特色，并与色彩、面料与款式之间相互关照，和谐统一。而博物馆色彩斑斓、质料精美、巧夺天工、造型各异的传统服饰，则犹如一组和谐音符，在梳理其丰富内涵，探究其“规制与礼制”的协调统一、“天人合一”的和谐美、“墨儒道法”诸子百家服饰文化“和谐观”，以及“生态和谐”服饰观的过程中，彼此鸣奏，共同演绎出中华传统服饰文化和谐之大美。

一、“规制与礼制”和谐观

中华传统服饰从“兽皮装”和“早期织物装”时代，经过夏、商、周的服饰礼仪制度而逐步完善。西周时祭服的出现标志着传统礼仪冕服制的建立，也标志着中国封建社会服饰礼制在打上儒家思想印记的同时，也成为“治天下”之道。

大约五千年前黄帝、尧舜时期，我国先民就开始用植物纤维编织上衣下裳，上衣下裳的形制取天意乾坤而定，乾为天，坤为地，庄严神圣，用于祭祖、拜天地与敬鬼神。原始社会部落与部落同盟的管理者需要通过衣

---

* 本文系北京服装学院服饰文化研究项目的成果之一。

** 作者单位：北京服装学院。

裳的披“挂”在身以标识其身份，实现天下大治。黄帝尧舜“垂衣裳”表贵贱，显尊卑以调整社会秩序；周天子祭天时所着服装为玄衣裳（“玄”指黑色，兼有赤黄之色，“玄衣”即黑色面料的上衣，“裳”即为赤黄色的下裳），成为儒家服饰礼度的基础。

无独有偶，“三礼”（《周礼》《仪礼》《礼记》）中记载的有关儒家服饰礼仪，是古代礼乐文化的理论形态，其名始于东汉郑玄，是对礼法、礼义、祭祀天、地与宗庙之礼最具权威的记载和解释。《周礼》又称《周官》，是以人法天的理想国纲领，内容涵盖各种名物、典章与制度。晋代始称《仪礼》，简称《礼》，又称《礼经》或《士礼》，旧时认为是周公制作或孔子修订，近代则认为该书完成于战国时期，是对春秋战国时期礼制的汇编，并与先秦和西汉的“五经”之《礼》合称为《仪礼》。《仪礼》具体包括《士冠礼》《士昏礼》《士相见礼》《乡饮酒礼》《乡射礼》《燕礼》《大射礼》《聘礼》《公食大夫礼》《觐礼》《丧服》和《士丧礼》等十七篇，记载了上古贵族生活主要的礼节仪式，包括冠、婚、丧、祭、乡、射、朝、聘等礼仪制度。《礼记》收录了秦汉以前儒家各种礼仪制度，包括孔子的一些言论及其弟子对其思想的发挥，但也有个别篇章为秦汉儒生撰写。唐以后，《礼记》的影响力逐渐超越了《周礼》和《仪礼》。此外还有既包括礼仪制度的记述，又有关于礼的理论及其伦理道德与学术思想的《大戴礼记》，都在强调君臣服饰等级制度的不可逾越。当时的下层平民因多以黑巾裹头，被称为“黔首”或“黎民”，帝王为首的官场秩序成为治国之道。根据玉佩《礼记·玉藻》记载：“古之君子必配玉，君子无故，玉不去身。”玉被赋予仁、智、义、乐、忠、信等美德，象征君子之德。当时的君子高度重视穿戴礼节，据《左传·哀十七年》记载，孔子的弟子子路为冠而丢失性命。“三礼”之学对后世的政治思想与传统伦理等方面影响深远。而古代妇女的着装也受“礼”的束缚，衣与裳色彩必须相同，以示妇人“尚专一”；女装宽松掩盖身体轮廓，外出必须“拥蔽其面”以达到“存天理，灭人欲”的规范要求。

当时社会盛行的丧服制也成为“忠孝之德”传统服饰礼制的典型体现。“五服”之制基于死者与戴孝者血缘关系的远近，君臣之间的上下等级关系，服孝时间的长短、丧服面料与款式等方面都具有明显差异。《仪礼》中针对丧服有大篇幅的描述，从重到轻，分斩衰、齐衰、大功、小功、缌麻五种丧服，合称五服。其中的斩衰选用最粗疏的麻布裁制，麻布剪断之处不缉边，属于最重要的丧服。倘若儿子和未出嫁的女儿的父或母过世，就要服斩衰和蓄发，且服孝期一般为三年。

同时，汉代董仲舒提出“服制象天，服制以天为象”，“服制”的天象从形制、色彩和配制，完全被纳入“五行”系统。所谓“五行”系统即“五行”的木、火、土、金、水；五方的东、南、西、北、中和五色的青、赤、黄、白、黑；对应并举的则是“五虫”的“鳞”“羽”“倮”“毛”“介”，使服饰文化形态中的服饰及其佩饰都在法“天”之“象”中巧妙纳入“五行”系统，并使服饰法“天”之“象”更为系统和严密。蔡子谔认为，董仲舒在《春秋繁露·度制》中对于“文章”即“染五采，饰文章”等系列限制与规定，都成为巩固封建统治和维护封建秩序的“礼制”或曰“礼乐文化”，反映出我国传统服饰“规制”与“礼制”的协调统一。

二、“天人合一”和谐观

中国服饰文化的哲学基础是“天人合一”的宇宙观，即天、地、人同构共感的宇宙观。天地之心的内涵在于以人生的眼光看待宇宙，宇宙就是人生的世界。我国传统服饰文化的形制特征是“天地之家”“天冠地履”和“戴圆履方”，而深衣的“袂圆袷方”则与“天圆地方”“玄衣裳”以及“天地玄黄”的服饰理念一脉相承。

我国古代有敬天思想，相信“君权神授”，时刻“尊天命”“顺天道”，因此，帝王礼祭服饰在一定程度上成为“宇宙”的缩影。冕板的“十有二旒”，每旒十二玉，长为十二寸，以应天数（十二个月）；穿玉的藻和玉均为五色，以应五方；上衣下裳以应天地（乾坤）。包括后来的“阴阳五行论”和“天人感应论”，西汉哲学家董仲舒基于儒家与阴阳五行相结合，使“天人合一”的着装理念成为中华传统服饰制度的理论基础。阴阳的观念，起于何时已无从考证。《周易》有“阴阳”之说，《尚书·洪范》有“五行”观念，战国齐人邹衍提出“五德终始说”，这使中华民族“与天同构共感”的“天人合一”思想，在不断发展中已基本形成。该理论认为宇宙万物是“天地之气，合而为一，分为阴阳，判为四时，列为五行”。其构成之要素为天地、阴阳、木、火、土、金、水和人。君子的帝位是由上天赋予，故称“天子”。《春秋繁露·阴阳义》中“天亦有喜怒之气，哀乐之心，与人相副，以类合之，天人一也。”天人同一，都有哀乐之心。天子行事要顺从天意，否则就会遭受灾祸和惩罚。这种“天人感应说”与“天人合一”的传统服饰文化观，体现了“服制”的内涵与本质特征，对于规范封建社会的“礼制”，即“礼乐”制度的形成产生了重大影响。

依照“天人合一”的服饰文化观，“天”和“人”称为帝王的“容服”，“威”和“礼”的存在以儒家“礼乐”“仁政”为规定内涵和特质，这种“别等级”“大一统”思想，在一定程度上借助服饰彰显了协调社会秩序，不同等级和谐并存的和谐美。

三、“墨儒道法”和谐观

服饰是文化，服饰是思想，“墨儒道法”诸子百家对于服饰都各有主张。儒家重视服饰，孔子为维护“周礼”而极力将“仁”释“礼”，而“礼”又规定君臣等级、尊卑老幼。凭借服饰作为“礼”的外在表现形式，启发、陶冶人们性情，使“仁”渗入个体人格之中，强调服饰形态及其穿着规矩，使服饰的社会伦理规范和个体需求和谐统一，服饰与着装者内在的审美与气节相互协调，实现“衣人合一”。特别是“三礼”制度下的服饰，在人生三个不同阶段的三次加冠，将日常生活、田猎战争与宗教信仰分别通过冠的形式给以明确，甚至着冠的颜色也从黑、白、玄（黑中带赤）三色的依次变化暗示了夏尚黑、商尚白、周尚赤的历史传承。

儒家服饰观在“君子比德如玉”中也有体现。在《荀子·法行篇》中记载：“子贡问于孔子曰：‘君子之所以贵玉而贱珉者，何也？为夫玉之少而珉之多邪？’孔子曰：‘恶！赐，是何言也！夫君子岂多而贱之，少而贵之哉！’”珉是类玉的石头，孔子纠正子贡对玉饰错误理解的同时，借用玉的诸多品性来比喻君子应该具有的优秀品质。

同样，中国哲学中的“文”“质”之争与协调统一是儒家服饰文化的另一体现。“文”指礼服上的纹饰、丹车白马、雕琢刻镂之类的文饰或文采；“质”是指资质美，是指人所具有的内在伦理品质。孔子认定服饰在讲究形式美的同时，又对君子的个人修养提出形式与内在的关系。《论语·雍也》中言：“质胜文则野，文胜质则史。文质彬彬，然后君子。”意为只有缺乏文化修养的凡夫野人，才会不重视合乎礼仪的服饰。因为只有合乎礼仪的服饰，配以适当的动作姿态，才能给人以庄重、合乎礼仪的动作美感，如果缺乏“仁”的品质，任何服饰终将化为虚饰。儒家在服饰方面强调“文”与“质”的协调统一，对我国古代服饰发展与变化意义重大。

道家的奠基人老子和庄子，相比儒家学派的孔子，在服饰上追求养志忘形，老子主张“被褐怀玉”，借未经琢磨的璞玉，强调璞玉内敛深藏的美质，指人应保存自然的纯朴心态，注重人的内在美，关注人的精神、气韵和风度。其实是主张个人思想与服饰都要顺其自然，不要因为强调礼仪而丧失人的本性，也不要因为追求服饰而迷失自我，强调“不饰于物”。据《庄子·天下》中记载：“不累于俗，不饰于物，不苟于人，不忮于众。愿天下之安宁，以活民命，人我之养，毕足而止，以此白心，古之道术，有在于是也。”老子讲求“人法自然”，认为美是一种生命的流露，而不是人工的雕饰，提倡无拘无束的自然美；庄子主张“全德全形”为形体美的最高境界。“全德”体现了道家精神的平常从容与虚静谦冲，主张追求个性人格与生命自由；“全形”强调既不要因为不修边幅而破坏形体，也不要因为劳神劳力而使形貌衰敝，要保持形体上的天然美色与完整。该主张折射出人与自然和谐相处，人与服饰和谐并存，服饰成为物质文化与精神文化相互依存的载体与体现。

法家韩非子和墨家墨子都认为服饰应以实用为标准，适身体，和肌肤，而不是追求赏心悦目之美，一切只能是满足生存需求的实用考虑；主张“取情而去貌，好质而恶饰”，服饰应随时而变，衣必保暖，然后求丽。墨子采取唯用是尊的评判模式，认为圣人制作衣服只图身体适合，肌肤舒适，并不追求夸耀耳目，炫动愚民，真正的美不需要文饰。这种朴素的着装理念在一定程度上同样体现了人与服饰和谐并存的服饰文化观。

在西汉淮南王刘安及其门客合作撰写的《淮南子》中，将道、阴阳、墨、法和儒家服饰文化思想糅合，从“美人者非必西施之种”的角度，提出服饰着装要因时、因地、因人、因场合不同而有所区别，从侧面反映出服饰要与着装者（人）、着装场合（境）、着装时间（时）相互协调，实现人与周围环境、场合与时空的和谐。

儒家追求华衣美服，讲究等级礼节，主张文质彬彬；道家被褐怀玉，知白守黑，倡导清静无为；法家蔑弃常礼，右袒裸臂；墨家“衣必保暖，然后求丽”的实用主义，这些融合诸子百家的服饰文化观伴随着唐朝盛世的到来，在相互融合与借鉴中波澜起伏，厚重丰富。服饰文化成为唐朝海纳百川博大胸襟的体征，在百家争鸣中不断传承创新，演绎出和谐动人的服饰乐章。

四、“生态和谐”服饰观

“生态和谐”是指生命与生命之间、生命与周围环境之间处于和谐共生的美好状态。服饰与周围生命体之间的关系密切，从服饰材料的收集、生产与制造，到服饰设计与加工，再到服饰产品的消费与回收，整个过程中，服饰每时每刻都在与人、与周围环境之间产生直接或间接的相互作用与相互影响，彼此之间实际处于共生共存的状态。华梅等针对东方传统服饰生态美起源，进行深入探索，张海华则针对农耕时代客家传统服饰生态美与启示给以详细阐述。综合诸多专家研究成果，我们不妨聚焦服饰生态和谐，从以下三方面论证服饰文化“生态和谐”之美。

（一）服饰“生态和谐美”契合人类追求美

著名美学家杨恩寰说过，“社会生活的合规律性的形式，往往体现或实现着人的目的需要、情感欲求、道德理性、认知理性等”，规律、有秩序的社会生活是生态和谐美的写照。服饰作为人类身体的装饰或原始社会部落首领的标记，或是巫术因素等诸多论述，包括距今 2.5 万年的山顶洞人遗址中发现的白色小石珠、黄色砾石、鱼骨和骨管等，都在不同程度上体现了人类追求美好生活的过程。

原始社会的宗教仪式中，许多部落在军旗和武器上绘有动物形态，并将其涂绘在身上以暗示他们和图腾动物之间的密切关系。正如何星亮在《中国图腾文化》中阐释的观点，图腾文化属于中国最基层的文化，最初的画身、画脸图腾艺术，是人类文化萌芽期的“元艺术”，更是人类与自然和谐相处美好愿望的端倪初露。

事实上，服饰本身与不同历史时期人们追求美好生活密切相关。相传黄帝本人及他的大臣胡曹和伯余，最早制造出上衣下裳，上衣如天，用玄色；下裳如地，用黄色，以此来表达对田地的崇拜，这是人与自然生态环境和谐相处的开始。商朝的礼法则明确规定人们要按照不同场合，不同的社会地位来穿适合自己的衣服。即使是帝王礼服上的花纹，都有明确的规定，包括日月和星辰，用来取其照临；同样，用山比喻稳重；火预示光明；宗彝暗含忠孝、粉米喻其滋养；龙表达应变，华虫象征文丽，藻传递纯净。西周时期，对于着装人身份、场合、服装布料的质地和颜色的搭配，上到官僚，下到百姓；大到袍衫，小到鞋子配饰，都有严格的规定，丝毫不能越雷池半步。周礼甚至规定了“古之君子必配玉，君子无故，玉不去身”，要求人们在行走中要把握节奏，节制步履的缓急，使随身佩带的玉石合奏出悦耳好听的声音，以此体现对礼俗的尊重和避免邪念的萌生，实现人与自然和谐相处的“鸣玉而行”。

时至清代时期，中华传统服饰文化观日趋成熟，李渔认为“衣以章身”，首次直面人的形体、容貌和仪态之美，使人身上升到服饰境界的主体位置，衣者的品性引导并规定服装对人性的彰显、强化和完善，李渔主张“人为主，衣为宾；人为帅，衣为兵；人为神，衣为形；当人与衣矛盾时，甚至不惜走极端，舍衣而就人”。同时，在衣人之际，判定衣人和谐与否，犹如人是否服水土。如果仅仅把服装看作是外加的“文采彰明、雕镂粉藻”，以为可以瞬间改观，那么就难免出现“不服水土之患，宽者似窄，短者疑长，手欲出而袖使之藏，项宜伸而领为之曲，物不随人指使，遂如桎梏其身。‘沐猴而冠’为人指笑者，非沐猴不可着冠，以其着之不惯，头与冠不相称也。”衣以章身，意味着在关注形与貌这些外在体形的同时，要重视神与心灵，以及内在的气质，只有扮饰适度，与人相称，与貌相宜，才能内外相辅，融而合一，形成内外俱佳的和谐美。

（二）服饰“生态和谐美”承载服饰功能美

从春秋战国一直流行到东汉时期的深衣，上衣与下裳合为一体，连成一件，使布料在裁减中充分利用，其着装效果大度磅礴而又不失阴柔娇媚。魏晋南北朝时期，由于战争与民族大迁徙，促使汉族服饰与少数民族文化碰撞与融合，出现了既适合于骑马射猎，又适合于仪表行事的“裤褶服”，广为流传直至唐朝。后来因为炼铁技术的发展和战争之需，军戎服装中出现了上衣和下体均受保护的铠甲，成为战场上服饰功能美的首选。

回顾历史，老子和庄子都非常重视服饰功能美。老子认为着装模式应该因地制宜，依照不同生态环境选择各自不同的装束，在肯定各自特点和个性的同时，不可盲从，融合个性需求的服饰，才能充分体现其功能美。庄子则主张衣服要遵循舒适的原则，达到所谓坐忘的境界，和大道融通为一体，进入生命高峰体验的忘形和忘象状态。而坐忘的基础，是要建立在形体舒适上，这完全符合《庄子·达生》的服饰命题：“忘足，履之适也；忘腰，带之适也；忘是非，心之适也。”庄子把心灵的舒适与履带的舒适相提并论，足见服装功能美已经超越外在的形式，达到与人的感受与适应相互协调统一。

据记载，古代儒者戴圆冠，表明他们知天时，穿勾鞋，表明他们知地形，天地融合是服饰文化多角度和谐的例证。中华传统服饰图纹经历了具象到抽象的转变，从传统的方形结构模式，到圆形的结构模式，再到 S 形的神秘图纹，彰显了“天圆地方”的朴素认识，以及点、线、块、面相互融合的审美观念。颇具代表性的“十二章纹”“八吉祥”“暗八仙”“八宝”以及民间吉祥图纹等，从内容到形式，虚实相映的图纹使“言”与“意”所承载的服饰功能美在融合中成为永恒。

（三）服饰“生态和谐美”彰显视觉功能美

心理学家认为，人的第一感觉就是视觉，而对视觉影响最大的则是色彩。服饰文化考古发现，从原始社会到封建社会，在经济与文化的发展中，特别是随着纯天然染色技术的发现与改进，服饰制度日渐完备。秦始皇信仰阴阳五行说，认为秦应属水德，代表颜色就应该是黑色，崇尚黑色，以黑色为贵，其军服冷峻而严肃，始终充斥着严酷、硬朗的肃杀之风。而汉朝经过休养生息，以五数为制度基数，崇尚黄色为贵。汉代儒家经典《礼记》中的“四时服”和《后汉书》中的“五时衣”，都与我国古代的历法与阴阳五行说关系密切。古人认为春、夏、秋、冬四时由金、木、水、火、土五行分主，所以“四时”亦称“五辰”。五行分配四时于三百六十日间，以木配春，以火配夏，以金配秋，以水配冬，以土则每时各寄王十八日也。这些规则成为指导人们依照不同季节选择特定着装颜色的准则，春着万物复苏的青色衣，夏着骄阳似火的红色衣，秋着硕果累累的黄色衣，冬着肃杀沉寂的黑色衣。

我国爱国主义诗人屈原主张服饰要注重“内美”与“修能”的协调统一。他在《离骚》中曾多处提到服饰，如“纷吾既有此内美兮，又重之以修能。扈江离与辟芷兮，纫秋兰以为佩”。原句中的“内美”强调人素养与品性高洁，而“修能”与“内美”相对应，是指外部美的修饰与容态，或是后天的学习与修养。两种解释都在强调加强修养，包括对个体的修饰。又如“朝搴阰之木兰兮，夕揽洲之宿莽”，其中“木兰”在《本草》中被释为“皮似桂而香，状如楠树，高数仞，去皮不死”，“宿莽”是楚人对冬生不死，且芳香久固之草的称谓。又如“余既滋兰之九畹兮，又树蕙之百亩，畦留夷与揭车兮，杂杜蘅与芳芷”，留夷、揭车皆为香草。杜蘅，似葵而香，叶似马蹄形。再后有“朝饮木兰之坠露兮，夕餐秋菊之落英……揽木根以结茝兮，贯薜荔之落蕊。矫菌桂以纫惠兮，索胡绳之纚纚”，木兰、秋菊、薜荔和胡绳都是香花芳草，由此可见，古人当时就有佩香草的服饰习俗。或许有学者认为，屈原的服饰观，神秘典雅，浪漫多彩，对后人讲求服饰华丽高雅，影响至深。现代女性选取自然界的花草为胸针的配饰，也是在喧闹中借助服饰来凸显服饰视觉美的体现。

传统服饰中和之美，具体体现在不偏不倚的居中之美的认同观；服饰格局讲究思想意识上的对称之美，服饰境界中强调整体关照或系统意识的中和之美。传统服饰从“头衣”和“体衣”，再到“足衣”和配饰，都有着整体的系统认识，服装配饰在自觉与不自觉中已经成为着装者身份、性格、学识、涵养等的外在体现，与衣者自身浑然一体。作为极具视觉冲击力的服饰颜色，同样需要在整体的协调中彰显协调美，如客家借助其传统服饰纯艳的色彩、丰富的图符、粗犷的造型和实用的美德，传递出人与自然和谐相处的诗意情怀。

五、余论

中华传统服饰文化历史悠久，从仰韶文化时期结束以兽皮树叶遮体的原始状态，到麻纤维织物制作的服装，再到手工为主体的服饰文明阶段，阶级社会早期的奴隶主们利用服饰巩固政权，统一思想，并以“礼”和“法”的形式规定人们对服饰的理解和使用。历代王朝在生产力水平不断发展，包括民族融合的过程中都对服饰文化的传承与创新产生影响，无论是政治开明、民族文化交融的盛唐服饰，还是明代的服饰变革时期，都使中华传统服饰在产生与发展中体现和谐统一。

中华传统服饰文化在“规制与礼制”的协调统一，“墨儒道法”诸子百家的“天人合一”，以及追求美、承载美和彰显美的生态和谐发展历程中，折射出历史变迁、经济发展和文化审美意识，诠释中华传统服饰文化和谐美，其影响力在中华儿女的传承中为中华服饰文化发扬光大。阿玛尼终生设计师杨军，恪守“TOP”设计准则，运用阴阳五行、天干地支的理论来探究着装者的生命周天与宇宙轨道之间的频率，坚持时间（Time）、场合（Occasion）和地点（Place）相互协调。在服饰设计中充分考虑规制与礼制的融合，力求天人合一，人与自然生态和谐。针对五行缺水者，服饰选用孔雀蓝或海军蓝。如若缺金，即使是黑色西服，也可以镶几颗金扣。在关注把握与对命理探究的服饰设计中，还要力争使服饰美的阐释“淋漓尽致，浑然天成”。基于着装者肤色的冷暖，在服饰设计的色彩与风格方面，结合不同的面料给予调整，性格优雅者通常选用质地精致面料；

性格豪放者则可以选用略显粗放的图纹，使其张力时刻处于协调把控之间。由此可见，即使是视觉上丰富多彩、造型上天马行空的现代服饰，也同样践行着人与服饰浑然一体、协调统一的和谐之美。

试论苗族服饰文化的历史积淀

东 旻*

苗族是中国大地上一个古老的民族，其族源与远古时期的九黎、三苗、南蛮等部落联盟和民族集团有着密切的联系。由于在古代历史上苗族没有文字流传后世，因此，研究苗族的历史，除汉文史志的记载、苗族人民的口头传承之外，用服饰来记录历史是苗族独具特色的古老传统之一。苗族服饰上世传不变的花纹图案蕴涵着意味深长的历史含义。

战争引起的迁徙是苗族历史上不可忽视的内容，苗族先民们曾饱受颠沛流离之苦，潜意识里，艰难、悲壮的历程深深地刻在苗族人民的记忆中，在无法用文字来记录历史的情况下，苗族人把历史写在服饰上，代代相传，永世不变。

苗族人在服饰上记录下了对祖先的怀念、迁徙的路程、对战争的回忆和对古老家园的留恋。在新的时代背景下，无论他们的服饰发生了或将会发生何种变化，其中，记录本民族历史的花纹、图案、头饰等却是永恒不变的，从而映射出苗族人的爱国主义情怀与不屈不挠的民族精神。

一、关于苗族

苗族主要分布在贵州、湖南、云南、广西、湖北、重庆、四川、广

* 作者单位：中央民族大学历史系。

东、海南等省（区、市），与各地其他民族形成大杂居、小聚居的分布局面，目前全国苗族人口近1000万。从语言上划分，苗语可分划为三大方言，即湘西（东部）方言、黔东（中部）方言和川黔滇（西部）方言。

关于苗族的族源，据《苗族简史》的观点：距今五千多年前，在黄河下游和长江中下游一带形成“九黎”部落联盟，蚩尤为其首领。与此同时，黄河上游兴起了以黄帝为首的另一个部落联盟，为争夺发展空间，黄帝联合炎帝部落同蚩尤所率领的九黎在涿鹿（今河北省涿鹿县）进行决战，这场战争以九黎的失败告终。战败后的九黎势力大衰，但仍占据着长江中下游一带的广阔地域，至尧舜禹时代形成新的部落联盟即“三苗”部落，其首领为驩兜，三苗部落曾和尧、舜、禹为首的部落联盟进行过长期的抗争。商、周时期，三苗的主体部分仍在长江中下游地区与其他民族杂处，被称为“荆楚”，即“南蛮”。南蛮是被驱逐到黄河以南地区的部分三苗的别称，实际上只是三苗的一个支系，而荆楚则是商、周时期对两湖地区这部分南蛮的称谓。九黎、三苗、南蛮之间有一脉相承的渊源关系，其中都包含有苗族的先民。①

在此后的历史上，由于战争、政治、经济等多方面原因，苗族先民不断地由东向西，由北向南进行大规模迁徙，逐渐形成现在的分布格局。

由于迁徙的具体情况不同，较东部和中部苗族而言，西部苗族的服饰上保留有更多的祖先的烙印，那世代不变的平行线和战袍似的披肩暗示着先祖们曾经历过的艰难迁徙和残酷战争。

二、服饰上的历史

反映在苗族服饰上的历史积淀，主要可以从以下四个方面进行归纳与分析。

---

① 苗族简史编写组：《苗族简史》，贵州民族出版社1985年版，第1－3页。

（一）对先祖的怀念

全国广大苗族人民普遍认为“蚩尤”是他们的先祖。流传在贵州赫章县一带的苗族古歌《蚩尤与苗族迁徙歌》中，带领苗族抗击敌人并英勇牺牲的“格蚩尤老”即传说中的蚩尤。湘西、黔东北的苗族传说中有一位勇敢善战的领袖“剖尤”即蚩尤。

三苗支系的驩兜，在苗族民间也有一定的影响。如湘西苗族五大姓中的“石姓有大小之分，其中大石苗语竟直呼作‘驩兜’。”①

苗族人把对先祖的怀念，对蚩尤、驩兜的记忆深深地刻在服饰上，世代保留至今。如滇东北次方言的苗族服饰，“为无领无扣对襟衣，分花衣和便衣两类。花衣是苗族喜庆节日的盛装礼服，由披肩、吊旗、袖子、内衬、肩带、腰带六个部分组成。……披肩的图案有三种，一为‘噜咂自’，即虎掌花；二为‘噜啷把’，即孔雀花；三为‘噜阿昂散’，即蕨草花。这三种图案的花衣服分别象征远古时期苗族部落首领格曰尤老、格蚩尤老、赶骚卯比的战袍。……滇东北次方言苗族妇女的裙子分为六类……这六种裙子，以漂白布花裙最为精致，一条裙由上中下三部分组成。上部分称‘史滇’，即裙基，为白色，由七或九根白线连缀，使裙基呈皱折形。七根连线，示意苗族是由七个祖先的子孙繁衍而来。九根连线，示意苗族由‘架黎吴’即九个部落组成”。②

从苗族服饰上还可以找到蚩尤、驩兜形象的印记：“《博古图》谓，‘三代彝器多著蚩尤之象……附有两翼’，《日下旧闻考》说，‘画本以飞兽有肉翅者谓之蚩尤’，《山海经》载，‘驩头人面鸟喙，有翼，食海中鱼，杖翼而行’，《述异记》云，‘俗云蚩尤人身牛蹄’，‘与轩辕斗，以角抵人，人不能向’。人面、人身、鸟翅、牛角、牛蹄的蚩尤形象，说明九黎部落实行牛、鸟图腾崇拜；鸟喙有翼的驩头（即驩兜）形象，说明九黎之裔三苗亦奉行鸟图腾崇拜。贵州台江县施洞区苗族古装上有翼人的绣图，

---

① 苗族简史编写组：《苗族简史》，贵州民族出版社1985年版，第3页。

② 威宁彝族回族苗族自治县民族事务委员会：《威宁彝族回族苗族自治县民族志》，贵州民族出版社1997年版，第222－223页。

黔东南苗族妇女盛装的长角银头饰以及黔中地区苗族妇女头上长角木梳等，均生动地反映出苗族人民对自己先民——九黎、三苗的永恒记忆。”①

（二）迁徙

大幅度、远距离、长时间的迁徙构成了苗族历史重要的一部分。战争与政治因素是迁徙的主要原因。

以蚩尤为首领的九黎被黄帝和炎帝部落联合击败后，南渡黄河，聚居在黄河以南长江中下游一带；由于不断遭到尧、舜、禹的进攻，三苗的部落民众被迫迁徙，其中一部分进入了鄱阳、洞庭两湖以南的今江西、湖南崇山峻岭之中，被称为“南蛮”；商、周之际以武力“南并蛮、越”，苗族先民于战祸之中被迫西迁，进入武陵山区；秦汉时期，朝廷多次攻打武陵蛮，苗族先民再次被迫向西、向南迁徙。②

苗族先民不断被迫迁徙，这个过程断断续续地一直持续到清朝，直到最终形成了现在的分布格局。迁徙于是就在苗族人民心目中留下了永远抹不去的烙印，这个烙印被独特的苗族服饰永远保存了下来。

川黔滇方言的苗族妇女，以蜡染为衣饰，“在裙上画几根直线，横贯全裙，传说有意义，世传不变”。③ 这些世传不变、横贯全裙的直线的特殊含义如下：“川滇黔三省毗邻地区苗族妇女的百褶裙上，有三大平行的花边；传说上条标志黄河，中条代表长江，下条表示大西南，以此顺序作为自己祖先被战争迫使迁徙的历程。”④ “裙腰的上端由 0.5 寸宽的青蓝块、三根青蓝线条和 0.2 寸宽的青红相间的布条组成，围绕裙子一周。裙腰上端用三根线连缀，使之呈皱折状，其含意是苗族过了黄河后，就分成三部分。裙腰的中下段由三根或四根菱形花纹相连的线条，呈田块图案，分别围绕裙腰一周，其间布有稀疏的长约 5 寸、宽 0.2 寸的青红相间的布条，其含意是黄河以南、长江以北的苗族故居是无际平原，田园相连，

---

① 翁家烈：《战争与苗族》（苗学研究），贵州民族出版社 1989 年版，第 35 页。
② 苗族简史编写组：《苗族简史》，贵州民族出版社 1985 年版，第 6－8 页。
③ 贵州省地方志编纂委员会：《贵州省志民族志》，贵州民族出版社 2002 年版，第 97 页。
④ 苗族简史编写组：《苗族简史》，贵州民族出版社 1985 年版，第 35 页。

仅有稀少的田埂。下部分称‘兑滇’，即裙脚，裙脚由三根青蓝线条和两根青红布条以及众多的小三角形组成，示意苗族过了长江后，就进入了山区。”①

在黔西北、滇东北一带的苗族中，不仅妇女的百褶裙上写有迁徙的历史，其盛装中的披肩上也载有迁徙的痕迹，披肩上绣着独具特色的传统花纹，很像古代战士的甲胄。在当地苗族群众中流传着这样一个故事：“古时候，苗族居住在北方，后来跨过黄河，越过长江向南迁移。在迁移的时候，哥哥骑马走在前，那马鞍垫上的图案是由许多双双交叉着的箭头组成的，这就是后来滇东北、贵州威宁一带苗族披肩上的图案。有了这种图案，箭射不进，有驱邪恶保平安的作用。弟弟步行在后，对故土眷恋不舍，边走边回顾，后来就把家乡的田园、山上的树木、天上的星星、河里的鱼等等，一一绣到披肩上，作为永久的纪念。这一带苗族妇女的百褶花裙上，还有两条十分别致的纹饰，据说，那就是他们先人跨过的黄河与长江。”②

川黔滇方言苗族妇女的头饰上，也带有迁徙的痕迹，带有关于迁徙的传说：“老年人头发里加青羊毛线，于头顶上挽尖发髻，发髻用刺猬签或红铜签做定位，用空木角于头顶定形。这个木角在远古渡江途中曾被妇女用作携带粮种的器物，为纪念苗族妇女的聪明才智，至今空木角仍有妇女用作头饰品。”③

（三）战争

造成苗族先民迁徙的主要原因之一是战争，战争给苗族人民带来了沉重灾难和难以磨灭的记忆。因为没有能用笔来详细记录历史的文字，苗族妇女于是就用针线把战争绣在衣服上，以告诫人们不要忘记过去。分布在

---

① 威宁彝族回族苗族自治县民族事务委员会：《威宁彝族回族苗族自治县民族志》，贵州民族出版社1997年版，第223－224页。

② 何晏文：《苗族服饰与民间传说》，《民族志资料汇编（苗族）》，贵州民族出版社1986年版，第182页。

③ 威宁彝族回族苗族自治县民族事务委员会：《威宁彝族回族苗族自治县民族志》，贵州民族出版社1997年版，第224页。

黔西北、滇东北等地的“大花苗”中，无论男女服饰，盛装时都披有图案相同的绣花披肩，据说，那是由苗族先民的战袍演变而来的。

苗族人民用服饰来保存对战争的记忆，来记录战争的残酷。

川黔滇苗族中，从男子的头饰、妇女的裹腿上都可以看出战争的烙印：“滇东北次方言苗族头饰分古饰和新饰。古男饰有军饰和民饰两种，军饰头戴冠，冠顶插花雉尾，以示军人。民饰中，老年人剃光头，包白帕，青壮年留长辫发，或在脑后挽尖发髻，额发剪为弧形，以纪念远古战争中，男扮女装突围得救的历史。”①

“裹腿，裹腿男、女有别。……女裹腿有古饰和新饰。古饰裹腿约长1丈、宽4寸，由青、白、红三色布条组成，上条为青色，中条为白色，下条为红色。相传：远古苗族部落战败后，在渡黄河突围中，不少妇女被俘，敌人为使被俘苗族妇女不能逃走，就把后脚筋割断，用白布包扎，鲜血染红白布，她们为了不忘这种残酷的摧残，苗族妇女便把它制成裹腿。”②

由于迁徙的路线、目的地不同，西部苗族服饰上的战争意义更为凸显，即使在其他地区的西部苗族，如黔东方言区贵州省黄平县讲西部方言的苗族中，其服饰也有关于战争的传说：“姑娘盛装独具风采，头缀红缨、肩佩披肩，英气勃勃，宛如一个个英姿飒爽的武士。据说，很久以前，在一场战斗中，男人大都壮烈牺牲，妇女们便走上战场，穿上盔甲，拿起武器，同敌人拼搏，最后终于取得了胜利。为纪念这历史上的战绩，妇女们便仿照战士的军服，绣制了自己的盛装。细心的人，还可以从姑娘们头顶的银簪上，看出当年弓弩的形状。”③

苗族服饰上保留的不仅是对远古战争的模糊记忆，近几百年间苗民起义战争中的英雄人物也被清晰地记录在服饰上。如贵州省台江县施洞一

---

① 威宁彝族回族苗族自治县民族事务委员会：《威宁彝族回族苗族自治县民族志》，贵州民族出版社1997年版，第224页。

② 威宁彝族回族苗族自治县民族事务委员会：《威宁彝族回族苗族自治县民族志》，贵州民族出版社1997年版，第225页。

③ 何晏文：《苗族服饰与民间传说》，《民族志资料汇编（苗族）》，贵州民族出版社1986年版，第181页。

带，“传统女盛装的绣花衣上的图案，喜欢用人物形象，当地叫‘绣妹妹’。这些人物形象中，以乌莫西最有代表性。乌莫西是苗族女英雄，据说，她是清代苗族英雄张秀眉起义军中的一员英勇的女将，在反抗清王朝的封建统治和民族压迫的斗争中，建立了功勋。苗族人民为纪念、颂扬这位传奇式的女英雄，把她的形象作为传统图案绣在自己的节日盛装上。现在，清水江畔那些山乡苗寨的苗家妇女，常给孩子们讲述乌莫西的故事。正如苗族历史上许许多多不朽的事迹一样，乌莫西等人的英雄业绩，虽然没有能够记在纸上、印在书上，但却世世代代地绣在衣服上，印在苗族人民的心里”。①

（四）古老家园

苗族是一个非常顽强的民族，漫长的迁徙漂泊与颠沛流离并没有让他们失去本民族的特色。至今，苗族仍然在顽强地继承、发扬着他们的传统服饰文化。苗族之所以能在艰难困苦中保留下其民族特性，与他们深厚的历史文化积淀有关。苗族人民感情丰富、细腻，为人朴实、善良。虽经历了迁徙中的无数磨难，却始终无法忘记曾经走过的路线和居住过的家园。滇东北、黔西北一带的西部苗族大多居住在陡峭的高山顶上，他们唱山歌是这样开头的：“我的家园啊！”

苗族人民留恋自己的古老家园，这份留恋之情被苗族女子们绣成花纹图案，代代相传。

“花纹为几何形，基本形式是若干长线平行并列，再在其中加横线为若干方格或‘卐’形，单线和双线菱形，呈‘回’‘卐’形，或若干长线交叉呈网状。各种形式的空隙处，另挑小花填满。

小花有旋涡、×、十、口、小‘回’、小菱、空心十字、小圆点和×的四角各加小菱、V、卐形等，这些多是传统花纹，少有变化。但以之互相衔接而延伸为花簇、块花、条花、团花等，可随所好，变化较大。威宁

① 何晏文：《苗族服饰与民间传说》，《民族志资料汇编（苗族）》，贵州民族出版社1986年版，第181页。

部分苗族挑花的平行长线中，加挑横线分成多格，传说是远祖迁来时，留恋原有田园，故挑方格表示田地；格中的红布条表示鱼，花纹表示田螺和星宿，蛮道表示树林，属于纪念性花纹，不能更改。本类构成花簇、花块等的花纹，都是上下左右对称，主要流行于毕节地区、六盘水市、黔西南布依族苗族自治州和安顺地区西部的部分苗族中。”①

对古老家园深深的眷念充分地体现在苗族服饰上，而旧家园是与大自然密不可分的，心灵手巧的苗族妇女们采用象征的表示手法，记载下祖先们曾经居住过的环境。如在贵州大方一带，“这支苗族妇女服饰图案寓意深刻。苗族是一个苦难深重，迁徙频繁的民族。无论是在平原、丘陵、湖畔、峡谷、高山都留下了她们生活与劳作的足迹。因此，苗族妇女服饰上的图案与其生活的环境应该说是能相互印证的。例如，蝴蝶花表示苗族早时居住在山花烂漫，蝴蝶飞舞的地方。野鸡尾花、虎眼形花等是表示苗族居于高山、峡谷、丘陵长期与虎狼抗衡，又与鸟兽共处之意。锯齿形花，表示苗族在迁徙中所经过的十万座山。城垣，表示苗族曾居住的城郭。田园、螺蛳、河流等主要表示苗族早年曾居于土地肥沃，山川秀丽，水源丰富之地。在一定程度上这些图案反映了苗族生活与迁徙所经过的地方。由此可以看出苗族妇女们的灵巧构思，也看出了苗族在历史长河中用来记载自己的光辉历程的刻画符号。”②

据笔者在西部苗族地区的实地调查，至今那里的人们仍然保留着传统的服饰文化，蕴涵着深刻历史意义的花纹图案依旧没有发生改变。苗族的传统文化之所以能够得以保存并继续发展，笔者认为，这与苗族人民坚忍不拔的民族精神是息息相关的。调查过程中，笔者惊叹于苗族人民的爱国主义情怀，虽历经磨难、身受压迫却始终不忘自己实实在在是中国的一个古老民族。苗族人民向往和平与自由，民族感情深厚浓郁，虽辗转流离，却始终顽强地保留下本民族的文化，继承着写有历史的传统服饰。当然，随着时代的发展，便利的交通使更多的苗族人离开了苗家山寨，但他们的

---

① 贵州省地方志编纂委员会：《贵州省志民族志》，贵州民族出版社 2002 年版，第 95 页。

② 杨仲荣：《大方县苗族服饰杂谈》，《苗学研究论文集》，贵族民族出版社 1993 年版，第 308 页。

传统服饰情结却与日俱增。年轻的苗族女子大多继承了传统服饰的制作方法，她们对传统服饰的感情也往往会随着年龄的增长而加深。

虽说如此，我们也必须面对现实，现代文明的高度发展，对苗族传统服饰形成了巨大冲击。麻是传统苗族服装的原材料，麻种植的问题也制约了苗族服饰的继承与发扬。如何才能使传统的苗族服饰在现代社会里找到生存和发展的空间？这使人们不得不对苗族服饰未来的命运和发展担忧。

我们不能说写在服饰上的花纹与图案就是历史，但它们是历史的刻画符号，当文字不能把历史如实记录下来的时候，这些图案在某种意义上来说就成为历史的反映。因此，载有历史的苗族服饰就显得异常珍贵，在保持世传的有历史意义的花纹、图案、线条不变的情况下，如何继承、发扬苗族的传统服饰，使之更加完美与有生命力，这不仅仅是苗族人民的责任，也应该被视为发扬整个中华民族传统文化的任务之一。

傣族服饰与傣族的水生态环境

艾菊红[*]

服饰作为文化形态的外在表现，在其结构层面上覆盖着地理环境、人文沉淀和语言表知等各种因素，所以生存环境决定着服饰的形态、特点和文化内涵。不同的地理环境和自然条件为不同的服饰类型的形成奠定了客观的物质基础。在傣族社会中，水不仅是一种必不可少的自然元素，更成为“一种具有丰富文化内涵的产物”,[①] 她包括若干文化元素和文化丛，构成了一个文化体系，涵盖着物质文化、精神文化和制度文化。傣族的服饰当然也不例外，深受水的文化因素的影响。服饰最基本的功能是实用，根据居住地区的地理空间、气候条件、水文状况不同，对服饰的实用功能的选择和要求也不同；其次服饰还反映出地理环境对人类文化的影响，以至反映了人的思维，而其思维又反过来在服饰上得到具体的体现。

一、古代文献中傣族的服饰

傣族因为其服饰独特而鲜明的特征，很早就见诸古代文献。

唐代樊绰《蛮书·名类》称傣族先民为“黑齿蛮”“金齿蛮”“银齿蛮”“绣面蛮”，说他们“并在永昌、开南，杂类种也。黑齿蛮以漆漆其

* 作者单位：中国社会科学院民族学与人类学研究所。

① 郑晓云：《应得到升值的民族传统文化：傣族的水文化传统与可持续发展的思考》，《云南日报》2003 年 2 月 25 日。

齿，金齿蛮以金镂片裹其齿，银齿蛮以银。有事出见人，则以此为饰，寝食则去之。皆当顶上为一髻，以青布为通身袴，又斜披青布条。绣脚蛮则于踝上腓下周匝刻其肤为文彩，衣以绯布，以青色为饰。绣面蛮初生后出月，以青黛傅之如绣状”。

在记载茫蛮等部落时说:“皆以青布为袴，篾藤缠腰，红缯布缠髻，出其余垂后为饰。妇女披五色娑罗笼。”

元代李京《云南志略》载：“男子文身，去髭须眉睫，以赤土傅面，彩绘，束发，衣赤黑衣，蹑绣履，带镜，……妇女去眉睫，不施脂粉，发分两髻，衣文锦衣，联缀珂贝为饰。”

明代钱古训《百夷传》则说：“男子……，或衣宽袖长衫，不识裙袴。……妇人髻绾于后，不谙脂粉，衣窄袖衫，皂统裙，白裹头，白行缠，跣足。”

明代佚名《西南夷风土记》:“夷部，男秃头，长衣长裙，女椎髻，短衣统裙。”

文献的记载使我们看到，有唐以来，傣族的服饰就具有鲜明的特色，饰齿、文身、着筒裙、盘发髻，这些特征一直保持到近现代。

学术界普遍认为傣族与古代的越人有着渊源上的关系。越人是我国古代长江以南最大的一个族系，主要居住在平原低地，或者靠近江河湖海的地区。汉代刘安《淮南子·原道训》曾有记载：“九疑之南，陆事寡而水事众，于是民人披发文身，以像鳞虫；短绻不绔，以便涉游；短袂攘卷，以便刺舟，因之也。”汉代班固《汉书·地理志》云:“粤地，牵牛婺女之分野也。今之苍梧、郁林、合浦、交阯、九真、南海、日南，皆粤分也。其君禹后，帝少康之庶子云。封于会稽，文身断发，以避蛟龙之害。”类似的记述不胜枚举，其中都提到傣族先民越人断发文身的习俗，而且似乎十分肯定地认为文身与越人居住在水乡泽国有关。我们无法查考傣族先民越人的服饰与其居住在“陆事寡水事众”的地理环境有着什么样的具体关系，但是可以想象其服饰肯定适应于其居住的地理环境，以便于劳作和生活。

二、女性的服饰

尽管现代傣族女性的服饰各地差异较大，但是筒裙是几乎为所有的傣族所穿着，我们这里主要以西双版纳傣族地区的服饰来说明傣族女性服饰与傣族居住地水的生态环境的关系。傣族女子的长筒裙成了傣族的标志之一，身材苗条的傣族女子以色彩艳丽的长筒裙紧裹腰身，衬托出傣族姑娘婀娜秀美的身材，给人一种水样的律动和水样的柔美。从视觉上，那就是一泓波澜不惊的清泉。就其实用性来说，因为傣族居住在热带地区，筒裙利于通风散热。傣族在日常劳动和生活中经常要跨越江河、沟渠、溪流，她们要常常下水劳作，面对深浅不一的水域，她们必要时常将连边的裙子向上提起，以方便劳作和生活。洗浴时也极为方便，入浴时，以筒裙裹身，一边向水深处走去，一边将筒裙慢慢卷起，当水没及胸部时，筒裙也随之盘在头顶。浴后，慢慢走出水中，筒裙也从头顶解下，边走边放，人出水，筒裙又裹在了身上，那确乎为一道亮丽的风景。从色彩上来说，傣族妇女的紧身背心和紧身衣多用浅色调，如白色、嫩黄色、水红色、天蓝色、肉色等。在炎热的西双版纳地区，不仅对日光的吸收较少，而且在视觉上也给人感觉凉爽轻快。傣族是一个稻作民族，其主要生计活动必须要保证有充足的水源，而对于水源的涵养则需要保持好森林。在傣族人的观念中，森林是保证水的必要条件，所以傣族人特别重视森林的保护。如此造就了傣族地区良好的生态环境，放眼望去，是满眼的葱翠，在绿树丛中，不时闪现着傣族女性亮丽的衣装，宛如翠绿丛中绽放的花朵。这是人类适应环境，点缀居住环境的绝好例证。

另外傣族女子的服装上的各种图案与装饰，也反映着傣族居住地水的生态环境。水是傣族服装艺术的一个重要主题。女子上装（色巴）后腋部的两根细带子，最初的含义就是代表水，相传它是水——人类生命之源的象征。筒裙上的横向行的花纹，有若干种红、绿、黑等混合颜色的纹样，代表的也是江河、山泉、溪流，有的筒裙上还有水罐、竹筒、竹瓢、涧槽、葫芦等图样，这些从饮水器皿、引流工具、取水器演变而成的图样，同样反映出傣家人生活中取水、引水、盛水、喝水等的某些情景，反映的是傣族与水的密切关系；有的筒裙图案还有船纹、葫芦串（漂浮器）纹等，表现傣族水上生活的事态；女子的筒裙图样中还有表现雨水、山洪等自然现象的图案，用以表示人们对自然神的崇拜，期望能在天神护佑下免除灾祸。水中的动物昆虫也是傣族女子筒裙上重要的装饰图案，如鱼、虾、黄鳝、江豚、螃蟹、乌龟、水板凳虫、水蛤蚧等。从这些服装上的装饰也说明傣族与水的关系非比寻常。水和水的文化习俗，在傣族衣装饰品中被充分而生动地记录和展现出来。[①]

再说傣女那一头乌黑油亮的长发，松松地盘在脑后，略偏右侧，形式与常见的水生生物螺十分相似。发髻上饰以小巧的发梳或者是蛙形、螺形的发簪，显得别致优雅。这种发式一直保持到现在，一头乌黑漂亮的长发即使在今天也还为人们所看重。即使今天姑娘们不再留长发，在重要的日子里，比如过傣历年等节日，她们还是要想办法将头发盘成传统的样式。这其中既有传统的审美观念，可能还透露出一些重要的文化信息。因为傣族有许多关于螺的传说，或说女子得了螺就美丽非凡；或说女子得了螺就能力非凡。

传说西双版纳勐仑南班河曼卡寨的攸乐人（基诺族）有一个姑娘，一天到河里去找螺蛳吃，找到了一个三角形的螺蛳，就将它戴在头上，顿时头发上发出了光，在很远的地方都看得见其光芒，这个姑娘亦变得更加美丽可爱了。召片领看见了光芒，就派人前来看，将她娶作小老婆，名为婻捧亮（亮头发公主）。召片领的大老婆各方面都比不上婻捧亮，故嫉妒在心，千方百计要将她害死。有一次，婻捧亮洗脸的时候，将三角螺蛳拿下放在床上，立即被大老婆偷去了。婻捧亮失去了三角螺蛳，立刻变了样，不像过去那样美丽了，而大老婆戴上三角螺蛳后，马上显得美丽起来，这样召片领就将小老婆撵出来，并派车里曼东老寨六个人送她回到曼卡。[②]

---

① 玉腊：《西双版纳傣装的自然情韵》，《民族艺术研究》2001 年第 2 期。

② 《中国少数民族社会历史调查资料丛刊》修订编辑委员会：《傣族社会历史调查》（西双版纳之九），云南民族出版社 1988 年版，第 144 页。

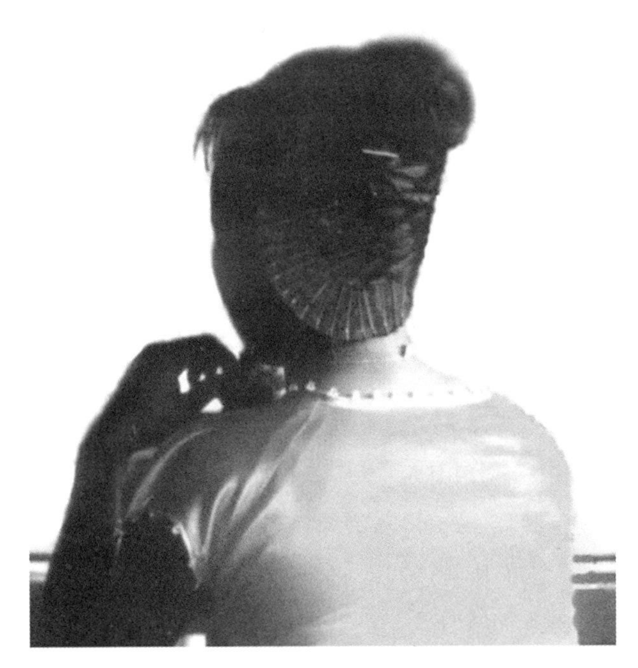

傣族女子发式

另有一则相似的传说：有一天，有一“拿娃”（傣族对山居不信佛教的民族称呼）女子得一只三尾螺，携至景兰街市。这天，道罕勐出游街市，见拿娃女子很美丽，就娶她作王后，两人感情很好，但没有儿子。一日，拿娃女子对道罕勐说：“我们山上民族有一个规矩，如果无子，可用包金摇篮一个，请巫师在山上招魂、拴线，即可得子。”道罕勐即命人作包金摇篮一个，送往拿娃女子父母所居住的地方招魂。后来果然生下一子，聪明美丽，取名道西拉铳。王后有一日至晒台，拿出三尾螺，偶然失手，掉于楼下，被一母猪吞食。自此以后，道罕勐即厌弃王后，命人送王后同其子道西拉铳回娘家，并免去寨上贡赋、杂派；王后以种山地为生，照顾王子，但不许出山。道西拉铳长大至七岁，被道罕勐接回同住，后继承父位。①

① 《中国少数民族社会历史调查资料丛刊》修订编辑委员会：《傣族社会历史调查》（西双版纳之三），云南民族出版社1983年版，第3页。

西双版纳历史上的傣族最高统治者召片领（车里宣慰使）刀坎娶“拿娃”女为王后事，不仅见于傣族史籍，也广泛流传于基诺族、布朗族和傣族的民间传说中。在基诺族传说中将“拿娃”女之美丽风采，寓为一天能变十二种颜色，傣族称为“西双漂”。傣文史籍里则以“拿娃”女之美丽赖于得神奇之“三尾螺”相助。

还有一则传说，说景洪地方神之一召景隗之妻喃丢隗，就是因胸佩“三尾螺”而具非凡神力。当她为丈夫复仇归来，在曼岛附近大河边洗澡时，取下胸前佩的“三尾螺”置于河边石上，被躲在草丛里的残敌暗算中弩而死，后来被后人奉为景洪地方神之一，年年祭祀。还有个传说，景洪曼德以往供奉的地方神“邦洪”，也和“三尾螺”有关，其历史原型又是勐交的女首领，也是胸佩“三尾螺”而具有神力等等。[①]

有这么多关于螺的传说，而且螺都与女人有关，似乎从中透露出一些信息。笔者多方查找，但并没有得到头发样式与螺有关的传说。但是，螺是一种多产的水中生物，且总是与女人联系在一起。笔者不敢就此妄下论断，螺在过去是傣族的一种崇拜物，但从各种现象来看，螺和生命的繁衍应该是有一定的关系。傣族因为久居水边，自然对于螺十分熟悉，螺的繁殖力特别旺盛。那么螺这种水生动物的形状被作为女性的发式及头发上的装饰，其中必定有其含义所在。应该不会是人们无意的行为，很可能隐含着生殖崇拜的含义在其中。在妇女身上装饰某种生殖力旺盛的生物，这种例子在世界各个民族都存在，是远古人们生殖崇拜的一种表现。在傣族的很多宗教活动中，也少不了螺的参与。傣族升和尚的洗礼仪式上，和旧时召片领登基仪式的洗礼上，都要用螺盛水来为他们洗礼。经过洗礼以后，他们的身份发生了改变，标志着新的生命历程的开始，象征着一种新生。这时候用螺盛水为之洗礼，恐怕有着明显的象征重生的含义。由之看来，傣族以生殖力强的螺作为女子身上的装饰，极有可能是作为生殖与生命的象征，也正是对傣族居住在水乡的生态环境的反映。

---

① 朱德普：《泐史研究》，云南人民出版社 1993 年版，第 124 页。

三、男子的服饰

傣族男子的服装在今天已经发生了重大改变，基本上都穿着汉装。但在过去，傣族男子的服装也同样反映了其居住地水的生态环境。男子也多用白色、蓝色的包头，这些明快、素雅、秀丽的色彩，同样与女子上衣的色彩相似，与其生态环境相应相衬。男子的裤筒也较宽大，容易将两只裤脚向上提起，下水十分方便。但是傣族男子服饰中最为引人注意的当属文身。

古代文献中，凡是提到傣族先民的，无一不言及其文身之俗。文身成为傣族最具特色的身体装饰，甚至成为傣族的标志之一。这种装饰身体的习俗，在不久之前，傣族男子必须人人为之，否则即为社会所不容。《百夷传》说："百夷，其首皆髡，胫皆黥，不髡者杀之，不黥者众叱笑，比之妇女。"

文身一般多见于男子，女子文身者很少，即使文也多在手腕或臂部刺一些字或者简单的图案。文身的年龄跨度很大，从十多岁到五十多岁都可以进行，但通常是在十二周岁到三十周岁之间。文身的部位并无严格的限定，各个部分都可以文。傣族古代文身分等级，《西南夷风土记》曾载："男子皆黥下体成文，以别贵贱，部夷黥至腿，目把黥至腰，土官黥至乳。"贵族可以刺红色纹样，而百姓只能刺青黑色的花纹。文身的花纹有动物形状，多为虎、狮、象、龙、蛇等；文字，有咒语、成句的佛经等；也有线条、花纹等，有水波纹，直线条，或者圆形、方形、三角形或者云纹样等。

文身的方法，就是以针刺肌肤，刻画成各种图案，然后涂上颜料，形成永久的印迹。马可·波罗在其游记中曾清楚地描述："男人又在他们的臂膊和腿上，刺一些黑色斑状条纹。刺法如下：将五根针并拢，扎入肉中，以见血为止，然后用一种黑色涂剂，拭擦针孔，便留下了不可磨灭的痕迹。身上刺有这种黑色条纹，被看作是一种装饰和有体面的标志。"

或说文身为避害，或曰别氏族，或称示成人，或为主装饰，或言是求荣……这些解释各有其道理。但文身的产生与水有着相当密切的关系，则是为人们所普遍接受的。文身现象存在于世界各地，但是以近水而居的民族为最多。有一份文身考察地图，指明文身以环太平洋地区为最多，文身与水的关系可见一斑。史料中凡记载傣族先民越人文身习俗的，也基本上都说明文身与水的关系至为密切。《汉书·地理志》云："文身断发，以避蛟龙之害。"应劭解释为："常在水中，故断其发，文其身，以像龙子，故不见害也。"《淮南子·原道训》载："……陆事寡而水事众，于是人民披发文身，以像鳞虫。"高诱注曰："文身，刻画其体内，点其中，为蛟龙之状，以入水，蛟龙不伤也。"刘向《说苑·奉使》言及南方越人时，对文身之俗之由来也作了描述："彼越亦天子之封也。不得冀、兖之州，乃处海垂之际，屏外蕃以为居，而蛟龙又与我争焉。是以剪发文身，烂然成章以像龙子者，将避水神也。"陈寿《三国志·乌丸鲜卑东夷传》曰："男子无大小皆黥面文身。……夏后少康之子，封于会稽，断发文身以避蛟龙之害。今倭人好沉没捕鱼蛤，文身亦以厌大鱼水禽，后稍以为饰。诸国文身各异，或左或右，或大或小，尊卑有差。"

文身究竟是怎样产生的，已经无法得到确切的答案。学者们曾就文身的产生提出了种种看法，傣族文身的传说和史料记载也证实文身与其居住在多水之地有关。傣族有一则流传很广的有关文身的传说：古时候河中有一妖魔，名叫"披厄"，人们因惧怕受其伤害，不敢下河捕鱼。有一天，有个青年岩比节为了赡养母亲，冒险下河捕鱼，却将龙王的七公主打了上来。龙王派大臣前往搭救，岩比节听说自己打上来的鱼是龙王的公主，表示要立即把龙女送回龙宫。入水之前，龙王的大臣在岩比节的身上、脚上刺了许多鱼鳞形状和水族形状的花纹。说也奇怪，刺了这些花纹，岩比节走进大河，河水就自然分开，水中的怪物便纷纷回避，连吃人的"披厄"妖魔也不敢接近他。岩比节顺利到了龙宫，龙王很感激他，赐给他很多宝物，让他身上的花纹具有神力，永保他平安。从此人们就模仿岩比节在身上刺上花纹，借以防身，久而久之，便形成了文身习俗。[①]

---

① 《傣族社会历史调查》（西双版纳之十），云南民族出版社1987年版，第111－112页。

无论是传说还是史料记载，都说文身是生活在水边的人们为了避免受到水中生物的伤害而产生的，我想这应该是文身最初产生的心理机制。起初，人们看到水中的生物怡然自得地生活在水中，而且水中的水怪、龙蛇具有人们畏惧的力量。于是人们幻想通过在自己的身体上绘上与水中生物相似的图案，自己也就成为了龙蛇或者水族一员，那么也就获得了在水中往来自如的能力，同时也具有超凡的力量，必不致为龙蛇水怪所害。我们看到傣族文身的图案花样很多，其中很多为波浪纹、鳞状纹、水点团花纹等等描画水的特征的纹样，也有龙、蛇等生活在水中的生物的图案。这些图案很可能是早期文身的主要图案，后来随着人们生活空间的扩大，人们的认识逐渐增多，才有了更多的文身图案。及至后来，佛教传入傣族地区，文身的图案又有了佛教经句等内容。在自己的身上刻画上某种动物的花纹，自己也就成这种动物，并且具有了它们的力量，这是人们惯用的方法，也是人们的一种思维方法。这与前面傣族女子的发式为螺形发髻，并以螺形发簪装饰的心理机制是相同的。法国社会学者列维－布留尔（Levy-Bruhl）将之称为“原始人”[1] 思维中的“互渗律”，弗雷泽（S. J. Frazer）则认为这是交感巫术的一种“接触巫术”。也就是说即使是看起来毫无关系的事物之间，通过接触、转移、感应等作用，就会存在着神秘的联系，就会成为同一体。这正是原始人的思维经常忽视存在物和客体的区别所致。所以列维－布留尔认为“原始人”所具有的只是原逻辑思维，也就是说“原始人”的思维是没有逻辑的特征。[2] 在我们深受现代科学教育熏陶的人们看来，“原始人”的这种思维可谓荒谬透顶，但是生活在现代文明的我们，难道没有这种互渗，或说是巫术的思维吗？当我们恨一个人的时候，会用各种恶毒的语言诅咒他（她），或者把他（她）的照片撕碎，等等，一泄胸中的愤怒，期望通过这种行动给对方造成一定的伤害。这绝对与“原始人”在身体上文刺花纹，以期避邪驱害的行为毫无二致。从根本上来说，“原始人”的思维与“文明人”的思维并没有本质的区别。当然

---

① 这里为了引文上的方便借用列维－布留尔的“原始人”称呼，但是这个称呼并不确切。

② ［法］列维－布留尔（Levy-Bruhl）著：《原始思维》，丁由译，商务印书馆1981年版，第27页。

可能是因为科技的发展，人们在很多情况下，不再过分依赖于这种巫术，但是这种思维依然存在于所谓的“文明人”的头脑中。

因此从文身图案所具有的巫术作用和人类思维的角度这两方面出发，傣族的文身，在其先民那里，起初很可能是水居民族的一种巫术行为，为了避免在水中劳作的时候受到水中生物的侵害而为之的。而后人们逐渐地赋予它更多的文化内涵，不断演变而与生存的自然和人文环境相适应，作为一种独特的文化事象而被长期保留下来，成为一种民族性的象征和标志。

一种文化的产生是在漫长的历史长河中逐步积累而成的，傣族的水文化最早可以追溯到傣族的先民越人。从根本上探究，她应当是受傣族先民越人生活的地理条件的影响而产生的一个文化体系，起先很可能仅仅是影响人们的物质生活，但日日与水共生存，在人们的思维中就赋予它各种想象的因素，水就有了各种各样的内涵，于是一种纯粹的物质元素，就具有了多种文化含义，形成了民族的文化传统。于是反映到傣族的服饰上，就呈现出鲜明的水的文化特色。总之，无论是傣族妇女还是男子的服饰，都应当与傣族居住在水乡泽国有密切关系，直接来自其生态环境。水的生态环境深深地影响着傣族文化，影响着傣族人的思维，也造就了他们独特的生态观念和行为方式，也造就了包括服饰在内的独特的水的生态文化。服饰所表现的不单纯是对生态环境的外在表现，不是单纯的一个服饰的样式问题，它所反映的是生态环境对人们文化与思维的影响，然后又在服饰上所折射出的人们的思维，人们对于环境的观点和态度。

浅谈中国剪纸艺术在儿童服饰中的应用

韩晨霞*

中国剪纸艺术历史悠久、分布广泛，在各种传统的民间艺术中，剪纸艺术一直作为重要的运用元素存在着，被称为“民间艺术之母”。剪纸元素自古就常常运用于服饰中，剪纸纹样在儿童服饰纹样中占据着重要地位。自20世纪80年代以来，随着民族元素的流行，陆续有设计师把中国剪纸艺术作为设计元素融入服装设计中，近年来，世界顶尖品牌的设计师们纷纷将目光聚焦在中国元素上，剪纸元素频频出现在各大时装周的T台上，正在成为一种国际性的设计语言。民族传统的发扬，走向国际化的需要，都要求我们对如何将剪纸艺术更加时尚的运用到儿童服饰现代设计中，对传统与现代、民族性与世界性的融合，进行积极深入的探讨与研究。

一、时代背景和研究意义

以习近平同志为核心的党中央高度重视社会主义文化建设，大力培育和践行社会主义核心价值观。习近平总书记多次强调弘扬中华优秀传统文化，指出：“中华优秀传统文化是中华民族的精神家园，是人类文明的生存智慧。”“深入挖掘中华优秀传统文化蕴含的思想观念、人文精神、道德规范，结合时代要求继承创新。”

---

* 作者单位：中国妇女儿童博物馆。

中国传统服装是中华优秀传统文化遗产中重要的组成部分，具有超越时代局限、反映中华文明永恒价值的特征。具有传承性，可以古为今用，能够服务于当代人的生活；具有直观性，以绚丽之姿向世界展示着中华民族的风采。中国传统儿童服饰有着数千年的发展历史，具有鲜明的文化特色。其纹样不仅内容丰富、形式多样，极富艺术性与趣味性，符合儿童的视觉和心理要求，还蕴含中华民族的传统文化，表达了人们的审美观念和美好愿望。不仅如此，这些纹样大多来源于生活与自然，并经过意象变形、创造夸张，对儿童的认知启蒙和艺术启蒙也深具价值。传统儿童服饰所承载的民俗文化是中华民族独特的精神符号，是内涵丰富的传统文化宝库，是积聚了中华民族深层心理信仰的文化形态。对它的传承和发展，有利于中华优秀传统文化的传承和发扬，而当对传统文化的珍爱升华为民族每一个成员的自觉时，传统便会成为影响一个民族内心的精神向度的强大力量。

由于种种原因，传统儿童服饰在20世纪30年代以来，逐渐被西式服饰所取代，现在的儿童服饰不管是在出售品牌还是在儿童日常穿着上，都以西式服饰占绝大多数，服装的装饰也大部分是西方元素的图案、纹样或者动漫形象，西式公主裙更是几乎成了女孩礼服的唯一款式。有传统儿童服饰元素的童装占比甚少，而童装是与孩子生活最为密切的部分，这对于审美取向、文化认同正在发展形成阶段的儿童来说，不能不说是中国审美观念、传统文化认同感培养环境的一种缺失。

随着全球化进程的推进，人们对异域文化的兴趣越来越浓，多元化、本土化、民族化成为世界性的潮流。而中国综合国力的提升，聚焦了世界的目光，中国传统服饰文化以其唯美华丽、精湛的技艺、深厚的历史文化内涵，吸引了世界时装界的关注。其中，剪纸元素受到设计大师们的偏爱，成为被反复运用的热门。国际时装品牌 Dior、Givenchy、Moschino、ThreeAsFour、Alberta Ferrett、Vlentino 等的时装秀中，都不断能看到具有中国剪纸元素的装饰图案和风格。

中国服装界也很快意识到挖掘与弘扬传统服饰文化的重要意义，意识到立足于中国的传统文化，才能在世界服装殿堂找到自己的立足点。服装界许多专家、学者就如何加快实施服装设计民族化战略提出了专业解读，很多中国设计师在把剪纸的特色元素、文化理念运用于服装设计中有着不凡的表现，但是总体来看受众和影响还是比较小。特别是儿童服饰方面，还有待于大力倡导和推进。

现代家庭经济水平较过去有大幅提升，少子化使家长对子女高度关注，家长对儿童服装的投入意愿强烈。海外调查显示，全球消费者在童装上的消费呈现持续增长趋势。2015 年，我国迎来了“二孩”时代，大大刺激了童装市场的发展潜力。2015 年我国童装市场交易额超过 1700 亿元，有着巨大的市场潜力。随着文化品位的提高和追求个性化潮流的影响，家长对儿童服装舒适性、时尚性、独特性和文化品位等的要求日益增加，国内市面上的童装设计已经满足不了人们的需求。儿童服饰同质化严重，款式单一，很大一部分儿童服饰过于成人化，缺乏儿童设计元素。而中国传统儿童服饰纹样既有很强的实用功能和装饰性功能，又承载着父母希望的力量和深远的寓意，提升了服饰的文化内涵，能够使“望子成龙”的家长产生共鸣，如果将其特点在国际时尚法则和流行影响基础上进行概括和提炼，形成民族风潮的国际化流行，有望成为一种受到大众喜爱的特色设计。

综上所述，把本国的传统文化融入设计行为中，探索与研究剪纸艺术在儿童服饰中的应用，既是对弘扬中华优秀传统文化时代责任的一种担当，也是形成有文化底蕴的设计风格面貌，在世界设计舞台上独树一帜的基石。同时，还是在迅速发展的童装市场中，形成品牌核心竞争力，创造市场价值的重要途径。“中华民族创造了源远流长的中华文化，中华民族也一定能够创造出中华文化新的辉煌!”服装设计界正面临着前所未有的创造机遇，只有从传统文化中汲取营养，提升文化自觉性，保持深刻的文化归属感，并在此基础上有独特的思考，才能创造出“中国设计”的风格，在世界设计舞台上找到自己的立足点，创造出“衣冠大国”新的辉煌。而加强剪纸艺术在服饰应用理论方面的深入研究，将为拓展服装设计师的本土化、民族化设计，提供更为广阔的灵感来源和创作思路。

二、中国剪纸艺术的特点

中国剪纸，是遍布于我国传统民间社会的一种特有的民俗文化形式。它历史悠久，分布广泛，有着深远的意义和影响。剪纸伴随着各类民间习俗而产生，并广泛地应用于当地人们的生活生产、节庆活动中，可以说是来自生活、用于生活、美化生活的艺术。剪纸不仅具有艺术欣赏价值，还展示着久存民间的风俗习惯和观念信仰，承载着深厚的文化内涵。独特的文化价值使它入选联合国教科文组织“人类非物质文化遗产代表作”，成为一棵常青的“文化之树”，屹立于世界多元文化之林。剪纸作为中国传统的民间艺术经典，浓缩了千百年中国文化与民族特色的精华，不但传达出普通劳动者的生命体验、艺术审美、人生理想和文化精神，而且成为中国人文历史的重要佐证。更为难得的是，直到今天，剪纸艺术仍然在我们生活中方方面面体现，它所代表的精神是不可磨灭的。

中国剪纸形式自由，造型夸张。“在面对只有单一色彩和阴阳两线组成的构图时，剪纸人突破远近高低、上下里外、明暗大小的视觉差别，不循规矩，放纵胆力，无拘无束，自如运剪，这是只有儿童般的天然精神才能企及的心理动势。”① 剪纸艺术的创作者通过在特定的生活环境下，对现实的、经验的物象全面感悟，表现出主观的、直觉的、意念的理想化形象。剪纸艺术没有固定的样板和模式，而是根据各个物体的特征和物象之间的关系来创作。它的造像方法与原始思维和儿童绘画内在精神相通，是一种“非逻辑”“超现实”或“超时空”的平面构图思维。剪纸表现远近空间关系和物象大小关系时无视物象的大小、长短和远近比例关系，完全按照心像构图进行创造。还常将不同时空的图形组织在同一画面甚至同一物象中。如为强化吉祥效果，把不同季节的花卉、果蔬放在一起，把不同地点出现的飞禽走兽组合在一起，形成一种心理上的“完善”效果。剪纸甚至将不同视觉角度的片段加以组合，在二维平面上构建三维立体效果。民间剪纸表

① 王贵生：《剪纸民俗的文化阐释》，民族出版社，第 169 页。

达的主要内容是民俗、信仰、哲学的主题，这些内容只能从主观出发去想象，这就使剪纸的形象随心所欲，而描绘内心物象离不开夸张的艺术语言。民间剪纸造型的夸张，是对繁杂内容条理化、规范化的过程，剔除非本质的东西，突出有特征、有性格的部分，化复杂为单纯进行艺术再创造，因此，剪纸中的形象比原型更突出，更具特征性和艺术魅力。

图1　剪纸虎

中国剪纸色彩纯度高，艳丽明快，色彩感强烈，并且色彩具有象征性内涵。在色彩表现上主要分为两种，一种是单色剪纸，通常指一种色彩的剪纸。最常见的是红色，其他比较常用的颜色有黑色、白色、金色、褐色和绿色等颜色，单色剪纸主要有阳刻、阴刻、阴阳结合三种表现手法。阳刻剪纸保留形体的轮廓线，把轮廓线之外的块面部分剪掉，它的每一条线都是互相连接的，牵一发而动全身。类似印章的朱文（图2）。阴刻剪纸与阳刻剪纸相反，它的线条不一定是互连的，而作品的整体是块状的。类似印章的白文（图3）。阴阳结合则指采用阴刻和阳刻结合的方式通过虚实对比表现剪纸画面的层次感，民俗单色剪纸作品中，阴阳结合运用是最常见的。单色剪纸利用单一的高纯度色彩表现强烈的感情，使得主题十分突出。另一种则是彩色剪纸。彩色剪纸的形式和技法有点染、套色、分色、填色等多种方式。彩色剪纸的主要用色是以象征性的色彩为主，即用一定的色彩隐喻某种理性的或观念的含义，色彩既是视觉上的、感性的知觉形式，还是人们情感的寄托和人文的体现。色彩的象征意义受中国传统色彩观的五色观影响。色彩搭配遵循民间艺术的用色风格，如民间传统剪纸艺术配色的口诀有“绿叶配红花”“黄马配紫鞍”等用色规律，颜色对比鲜明；而“光是大红大绿不算好，黄能托色少不了”等原则也强调了协调性和统一性。不管是单色剪纸还是彩色剪纸，在用色上都具备高纯度限色的艺术特征，即限制性运用有限的几种颜色来表现剪纸独特的色彩感受以及深刻的民间色彩内涵。剪纸长期受到材料、工艺等方面的制约，在色彩的应用上精炼而少量。中国民间用色遵循“色要少、还要好，看你用得巧不巧”。可见，运用很有限的颜色来传达其独到的色彩感受以及深刻的色彩内涵是民间艺术的共识。高纯度限色的艺术特征使剪纸作品展现出热烈鲜艳、对比强烈的视觉效果，并在整体上能够形成统一。另外，剪纸艺术的色彩也体现出意象化的特征，即剪纸艺术色彩使用是蕴含意象化情感的，剪纸艺术家们不但让色彩具有了浓郁的感情，还把人性的某些意蕴附加到色彩身上，意象化的色彩不但可以引起人们内心的情感共鸣，还可以使人体会到丰富的想象。一般来说红色表现吉祥和喜庆，黄色表现富贵和辉煌，绿色代表祥和和生命，蓝色和白色则表现纯洁和自由，等等。

图2 《双凤戏牡丹》林桃①

① 中国妇女儿童博物馆馆藏。

图3 《下山虎》[1]

图4 《白鸡下了个黑鸡蛋》

中国剪纸富有装饰性，具有浓烈的民族风味。剪纸因材料单薄，多用满幅铺排而物象互相串联的平面构图法，形象多富装饰性，用精致花纹点缀装饰主体人物。平面重叠铺陈的手法不仅造成浓烈的民族风味，并且扩大了画面的容量，提高了剪纸的表现力。另外，民间剪纸的夸张，在体现物象特征的同时，也要求达到装饰美的目的，并在装饰美的效果中表现出创作者对生活的理想、愿望等精神追求。为了使所需突出的部分更明确、更集中、更引人注目，往往在物象上添加一些纹饰，以达到完美的装饰性目的。表现人物时，将人物的衣服上缀满花朵；描绘动物时，将动物身上的毛皮夸张成旋涡状，或在其身上直接添加图案，这使原本普通的形象变得通透，体现出很强的装饰性（图5）。

---

① 中国妇女儿童博物馆藏。

图5　虎

中国剪纸图案富有文化意蕴，始终延续着“图必有意，意必吉祥”的特点。利用象征、寓意、符号、比拟、谐音、文字等表现手法来寄寓对社会人生的理解，表达趋吉避凶的愿望和对幸福美好的追求，通过文化传承各种形式的隐喻性，在潜移默化中形成了约定俗成的符号谱系。“张道一先生曾经将这种以物寄情的寓意内容总结为‘福、禄、寿、喜、财、吉、和、安、养、全’十大类。福是指幸福、福祉，引申为荣华富贵，具有代表性的题材如五福捧寿、富贵长春、洪福齐天等。禄是指俸禄、俸给，引申为高官厚禄，具有代表性的题材如五子登科、鲤跃龙门、加官晋爵等。寿是指高寿、长命，引申为长寿延年，具有代表性的题材如八仙祝寿、松鹤长寿等。喜是指喜庆、欢乐，引申为结婚生育，具有代表行的题材如双喜临门、喜上眉梢、喜从天降等。财是指财富、金钱，引申为丰收发财，具有代表性的题材如招财进宝、五谷丰登、日进斗金等。吉是指吉利、顺达，引申为万事大吉，具有代表性的题材如新春大吉、金鸡报晓等。和是指和气、祥和，引申为一团和气，具有代表性的题材如和合二仙、和气满堂等。安是指平安、安全，引申为辟邪保安，具有代表性的题材如四季平安、三阳开泰、竹报平安等。养是指养生、养性，引申为修养教养，具有代表性的题材如琴棋书画、渔樵耕读、忠孝节义等。全是指全面、综合，引申为德福圆满，具有代表性的题材如吉庆三多、事事如意、三星高照等。”（图6）

图6 《福禄寿喜》

三、中国剪纸艺术与传统服饰的渊源

从20世纪初开始，一些国外的学者和国内的美术工作者及专家学者陆续开展了对中国剪纸的研究，最早的一批著作有舒斯特尔·梅切尔的《中国传统民间剪纸》、葛禄博的《北京民俗》、日本著名的剪纸专家藤井增藏的《中国剪纸艺术》、诗人艾青和美术家江丰编印的《民间剪纸》（中国近代以来出版的第一本剪纸集）和《西北剪纸集》等。而后许多美术工作者出版了大量剪纸图案著作，像《张永寿剪纸集》《丛琳窗花集》《茵金富刻纸集》《民间剪纸》《中国民俗剪纸图集》《中国民间剪纸》《中国民间美术》等。也有大批的专家学者开始借助多学科的研究方法把研究指向民间剪纸的文化内涵及现实意义，如《中国剪纸的起源与历史》《中国民间剪纸》《剪纸研究》《剪纸探源》《剪纸民俗的文化阐释》《中国民间剪纸艺术研究》《民间剪纸的意象美学结构》等。也有了一些剪纸在现代服装设计领域的理论研究，比如郭丽和陈莲的《民间剪纸艺术在后现代服装中的应用研究》、彭苑散和彭幼航的《浅谈剪纸艺术在服装设计中的运用》、亓妍妍的《陕西剪纸艺术元素在现代服装中的设计应用与研究》等。

专家学者们根据大量的史料记载、少量出土的剪纸、刺绣和缂丝的服饰、印染镂版织物以及明清与民国时期的剪纸进行总结研究，认为中国剪纸艺术与传统服饰的渊源由来已久，民间剪纸在发展过程中，在民间服饰的妆饰、面料、装饰工艺各方面表现明显。由于纸易潮湿腐烂，能够保存下来的剪纸实物资料非常少，剪纸艺术形式语言的保存，很大程度上得益于服饰的妆饰、面料、工艺等媒介的传播与发展。

研究者们比较认可名副其实的剪纸民俗始于魏晋南北朝时期这一说法[①]。当时造纸业有了显著发展，用纸得以普及，非纸民俗剪纸所用的材料逐渐被纸代替，开始嬗变成真正的民俗剪纸。只有民间普遍用上了纸，民间剪纸才能够真正地普及。20 世纪五六十年代，新疆吐鲁番阿斯塔那北原古墓中出土了十几种剪纸，这些剪纸出于丧葬习俗，题材都是佛教信仰中常见的象征物象以及纹样，像是莲花纹、鹿纹、猴纹、塔纹、蝶纹等，具有一定的文化内涵，与现在的剪纸形式没有很大的区别。虽然这些剪纸是在新疆出土，但是在魏晋南北朝的民族大融合背景下，这些剪纸被认为可以作为证据来印证中国剪纸民俗诞生的时代，就在魏晋南北朝时期。

根据史料记载，魏晋南北朝时期，镂版印染工艺很盛行。这个时期的镂版是用桐油纸剪刻的，说明民俗剪纸已经在黄河流域被应用到了老百姓的民俗生活中。唐宋时期，剪纸被用作印染面料的底版和刺绣底样。到明清时期，民俗剪纸无论从剪纸的题材内容、形式种类，还是从其的应用范围、技艺手法来看，都达到了炉火纯青的地步。而清朝为后世留下了大量的文献史料和实物，这些剪纸相关联的资料为研究剪纸提供了丰富的物质基础。民间剪纸在明清时期运用的范围十分的广泛，蓝印花布和刺绣花样的风行最为典型。“一个地方刺绣艺术发达，那这个地方的剪纸肯定也是风行的。妇女们不仅会闭门自己剪纸刺绣，而且民间出现了很多专门提供剪纸花样的艺人。明清时期有很多的刺绣花样实物和剪纸绣谱流传下来。”[②] 剪纸图案作为纹样被印染在织物上，蓝印花布是典型的代表。手工蓝

① 比较有代表性的，如吕胜中：《中国民间剪纸》上册，湖南美术出版社 1994 年版，第 8 页。
② 沈寿口述、张謇整理、王逸君译注：《雪宧绣谱图说》，山东画报出版社 2004 年版。

印花布始于汉朝，发展在宋代，而真正形成自己的生产工艺和独特风格的形成是在明清时期。据明代《崇德县志》记载，在“染织局”登记在册的民间手工染坊就有19家之多。镂版印染题材沿用民间剪纸中广为流传的题材，蓝印花布被做成包袱布、肚兜、被面、汗巾、门帘、帐檐、面巾等。

剪纸作为刺绣底样，主要用于衣饰、鞋帽等。尤其是在女装、童装中运用得较多。旧时，人们的穿戴和一些织物用品上的装饰纹样，主要是刺绣出来的，受欢迎的纹样要得到保留和传承，往往是通过剪纸作为底稿。中国许多地方的妇女都经常使用一种薄粉纸刻制的剪纸花样来作为刺绣底样使用。妇女们也称之为“花样子”或“剪纸花样”。先用无色的薄纸剪刻成各式纹样，贴在待绣的面料上，再依样绣花，待刺绣完成时，纸样就被绣线覆盖，再也取不出来了。剪纸花样是刺绣的粉本，也就是刺绣施针的依据。虽然剪纸花样的最终效果将表现为刺绣，但是，就其本身的艺术特征而言，又是剪纸艺术的重要组成部分。刺绣“剪纸花样”用在服装上的有“领花”“袖口花”“裤口花”“裙花”“兜肚花”以及“涎兜花”（图7），等等。用作布鞋鞋面刺绣底样的剪纸称为鞋花，鞋花根据位置的不同又分成“尖头花”“鞋头花”“鞋帮花”。另外还有帽花，即用作帽面刺绣底样的剪纸，其花纹是根据帽子的不同造型而创作的。西南地区的苗族、侗族、瑶族等少数民族的衣袖花也很有剪纸艺术特色，其造型一般为扁方形，题材多为龙凤、花鸟等。

剪纸作为印染的底版主要用于印染服装面料，蓝印花布是其中的代表。蓝印花布又称“药斑布”，是我国人民生活中的日常用品，人们用纸版刻成的底版蒙在白土坯布上，把用石灰、豆粉和水调成的防染浆用刮浆板刮入花纹空隙中，晒干后用蓝靛染色数次，再晒干，刮去粉浆后显现出蓝白花纹。印染的纸版采用剪纸阴刻、阳刻的表现手法进行镂空雕刻花纹。蓝印花布的花样设计和纸板雕刻全部出自民间艺人之手，它具有浓厚的民间风格和强烈的生活气息。内容有飞禽走兽、昆虫花鸟、瓜果器物，自然现象的云、水、星、辰，还有吉祥文字图案、几何纹样等，多以象征寓意为主，体现对美好生活的愿望，如“六合同春”（仙鹤、梅花、水仙、牡丹），“多福长寿”（佛手、桃），“喜上眉梢”（喜鹊、梅花），等等。除了蓝印花布，一些地区和民族的蜡染布料也是用剪纸纹样做模板。“所谓蜡染纹样剪纸，是用略硬的纸片剪成各种纹样，以其为模板来点蜡而形成蜡染图案。”①（图 8）

图 7　《涎兜花》②

图 8　苗族妇女画蜡染用的燕子剪纸模板③

① 彭承军：《苗族祭仪剪纸的文化内涵及审美变迁》，《美术》2011 年 10 期，第 103 页。
② 中国妇女儿童博物馆馆藏。
③ 图片选自《美术》2011 年第 10 期，第 103 页。

四、中国剪纸艺术在传统儿童服饰上的应用

剪纸艺术在传统儿童服饰上的应用，与成人服饰基本相同，主要在两个方面，一是刺绣底样，二是印染底版。我国传统服饰服装结构和廓形相对稳定，主要特征是平面化裁剪结构与程式化的宽体式样，因此非常注重平面装饰，对服饰纹样尤为讲究。传统服饰纹样包含着中国人千百年来的艺术创造精华，内容丰富，内涵深刻。这一特点在儿童服饰上体现得非常突出。儿童服饰纹样所承载的趋吉避凶的民俗观念和美好追求，较之成人服饰有过之而无不及。旧时，孩子的成活率极低，人们借各种民俗手段来祈祷孩子健康成长，通过服饰语言对孩子的健康吉祥进行祈愿是一个重要部分。人们借助不同的外部形态，通过一系列的造型手法、寓意，把对生与死的敬畏融入童装的各个部分，贯穿在穿着体验的过程中。

中国传统儿童服饰纹样的内容大多来源于自然与生活，一部分是自然界的动植物与器物等客观形象，一部分是通过意象变形创造的主观形象，题材丰富，形式多样。在服饰的数千年发展过程中，儿童服饰图案承载着许多社会文化心理，人们将自己的信仰、习惯、爱好、希望等多种情结表现在了儿童服饰上，反映人们祈求儿童平安、健康、聪明的愿望。这些内涵意义的表达，没有简单的说教和直白的提醒，而是运用了象征、谐音、寓意和符号等方式含蓄地表现出来。象征是根据自然物的生态、形状、功用及关系等，表现特定的思想，例如牡丹花丰满鲜艳，象征富贵。谐音是借用某些事物的名称组合成同音词表达吉祥含义，例如喜鹊立在梅枝上，谐音“喜上眉梢”。寓意是借某些题材寄寓某种特定的含义，多与民俗或文学典故有关，例如梅兰竹菊称为“四君子”，寓意品德清高。符号是与人的切身利益相关的客观对象逐渐固定化为观念的替代物，成为特定的符号，如卍、福、寿、喜等，卍（万）字不断头，意为富贵绵长。这种表现方式寓情于景，寓教于乐，用一种无声的语言把中国传统文化传递给儿童，并深深地扎根于一代又一代人的思想之中。

以下对中国传统儿童服饰纹样的常见内容和寓意内涵做一大致归纳。

（一）动植物

用于服饰的动物主要有老虎、狗、猪、鸡等十二生肖和狮子、麒麟、龙凤、鱼、蝙蝠、蟾蜍等。植物主要有牡丹、莲、菊、梅、竹、桃花、桃子、石榴、葡萄、葫芦、橘子、佛手、灵芝、柿子等（图9）。

“兽鞋”“兽帽”是中国民间比较普遍的儿童服饰，在全国各地所见的“兽鞋”有各种各样的形式，如“虎头鞋”“狮头鞋”“龙头鞋”“豹头鞋”“牛头鞋”“兔儿鞋”“羊头鞋”“狗头鞋”等等。其中“虎头鞋”被认为是最好的儿童鞋，民间认为虎的额头有“王”的字样，是百兽之王，所以有威镇邪气和鬼怪的力量，能给小孩带来力量和平安。（图10、图11）

图9　绣有凤、牡丹花、石榴、桃子的肚兜

图10　河北戴虎头帽、转嘎啦，围屁股帘儿，穿老虎鞋的儿童①

① 华梅：《中国服装史》，天津人民美术出版社1999年版。

图 11 戴虎头帽的儿童

猪、狗、猫等兽都是在民间被认为是生命力很强的动物，人们祈愿孩子能像这些兽类一样容易养活、繁衍旺盛。鸡谐音为吉，寓意大吉大利。龙、凤是神兽，麒麟有麒麟送子的含义，狮子是辟邪的祥兽，蝠谐音福，寓意幸福、福气。鱼有着很强的生命繁殖力，寓意多子。在我国许多民族和地区有给孩子穿“五毒”肚兜、背兜或马夹的习俗。“五毒”指蛇、蜘蛛、蜈蚣、蝎子、蟾蜍（也有的地区是壁虎）等五种有毒的动物。人们把“五毒”纹样绣在服饰品上，用“以毒攻毒”的含义来保佑孩子健康，认为孩子穿上可“驱邪除毒，消灾免难”。

牡丹寓意富贵，牡丹与莲、菊、梅相结合，象征四季平安，梅花分五瓣，比喻“福、禄、寿、喜、财”五种福。桃花、桃子寓意长寿。莲、石榴、葡萄、葫芦等因多籽而被引申为多子多福，葫芦又称“蒲芦”，谐音“福禄”，其枝茎称为“蔓带”，谐音“万代”，故蒲芦蔓带谐音为“福禄万代”，是吉祥的象征，葫芦与它的茎叶一起被称为“子孙万代”。橘子谐音吉，佛手谐音福。灵芝象征着吉祥如意，祥瑞长寿。

人们常把多种物象组合在一起，追求吉祥的寓意，为孩子祈求幸福、长寿。一只蝙蝠、两颗寿桃、两枚占钱意为福寿双全；鸡与牡丹组合，寓意吉祥富贵；两个柿子与灵芝组合，表示事事如意；喜鹊与鹿组合，谐音爵禄，寓意封官晋爵，高官厚禄。鹿与鹤组合谐音六合（图 12）。吉祥图案、谐音图案和寓意图案极大地丰富了儿童服饰纹样的样式与内容。

“取意鹿鹤同春，象征富贵、长寿，‘鹿鹤同春’又名‘六合同春’，是中国古代吉祥图案之一。‘六合’是指‘天地四方’泛指天下。以鹿取‘陆’之音，鹤取‘合’之音，春的寓意则取花卉、松树、椿树等形象。‘六合同春’意指天下皆春，万物欣欣向荣。在民间文化中，鹿被称为

‘候兽’，鹤被称为‘候鸟’，鹿与鹤是春天和生命的象征。鹿与‘禄’同音，鹤被视为长寿的大鸟，因此鹿与鹤又有福禄长寿之意。”①

图 12　清代红缎平金绣鹤鹿纹童衣②

（二）符号

一些字、物品、图像在长期的流传中逐渐固定化为观念的替代物，成为特定的符号。最典型的有卍、福、寿、喜、祥云、八卦、太极、各类诗文等。“福”“禄”“寿”字被图案化、艺术化为一种吉祥符号，其中“寿”字就有二百多种图形，变化极为丰富，字形长的意为“长寿”，字形圆的为“圆寿”之意（图 13）。福、禄、寿是人们追求的幸福生活目标。佛教的八种法器海螺、宝伞、法轮、白盖、莲花、宝瓶、金鱼、盘长，是吉祥的表号，称为八吉祥。琴、棋、书、画合称四艺雅聚，寓意文运昌盛。宝剑、宝扇、葫芦、花篮、荷花、鱼鼓、拍板、横笛合称暗八仙。还有古钱、如意、瓦当、银锭等。北京民俗博物馆收藏的“日上灵泉”纹样男童马褂，其纹样就是在仿照汉代的瓦当上绣着篆体“日上灵泉”，四字和外围的图形又构成一幅钱币的图案。瓦当是建筑构件，代表栋梁之材；“日上灵泉”则是希望孩子学有所成；

① 中国妇女儿童博物馆：《馆藏文物荟萃》，第 55 页。
② 中国妇女儿童博物馆馆藏。

“钱币”又是财富之意。[1] 表现出祝福孩子健康聪明、成器成材、家族兴盛的美好愿望。还有一些常见图像，通过文化传承，已经脱离原形，形成约定俗成的符号。如虎用于辟邪护生，虎口衔艾叶是端午节镇压五毒的象征。鹰用于镇宅，鸡象征吉利，又吃五毒，桃寓意长寿，又能避鬼。八宝纹由珊瑚、金钱、金锭、银锭、方胜、犀角、象牙和宝珠组成，象征富有。

图 13　红绸镶流水纹大绦边鱼鳞马面裙局部[2]

（三）自然风景和人物故事

服饰上常用的自然风景类纹饰主要有云纹、雷纹、水浪纹等，也有山川风景、亭台楼阁。人物故事多取材于戏曲故事、历史故事、神话传说等，如八仙庆寿、刘海戏金蟾（图 14）、二十四孝等。人物故事纹样常有道德及文化教育的内涵，比如二十四孝中的黄香扇枕等提倡孝顺的故事题材的纹样，起到情景教育的作用，传递着道德教育信息。道德文化教育是儿童服饰纹样的寓意内涵中，除了上文提到较多的祈福求寿、辟邪驱毒和招财求禄以外，另一个常见的内容。

---

① 李彩萍：《浅谈北京民俗博物馆馆藏民间服饰图案文化内涵》（2004－12－07）［2006－04－02］，www. bjww. gov. cn/2004/12－7/372. shtml，2004.

② 选自“祥和吉美——中国服装三百年”展览。

图 14　缎地打籽绣刘海戏金蟾四合如意云肩①

中国传统服饰纹样从审美特征上来说延续着剪纸艺术的特点，造型追求自然，手法简练；形象夸张活泼，充满生气；构图丰满，变化丰富，讲究装饰性；重视色彩的视觉效果，以色彩对比为主要特征，同时兼顾色彩调和，给人以强烈的艺术印象和艺术美感（图 15、图 16）。

图 15　青纱地纳纱绣八团吉服褂上的团鹤花蝶纹②

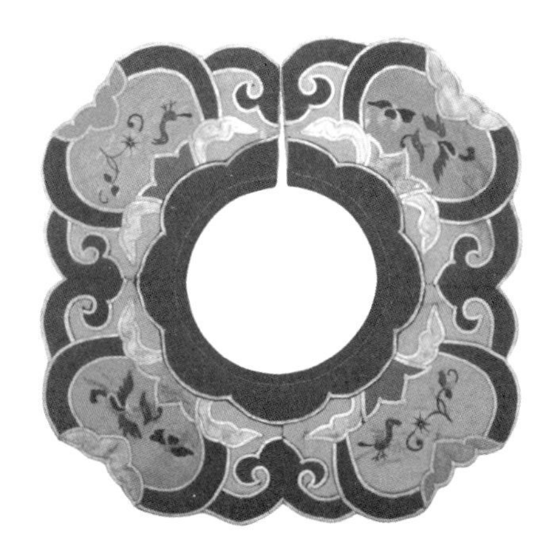

图 16　围涎③

① 选自“祥和吉美——中国服装三百年”展览。
② 选自“祥和吉美——中国服装三百年”展览。
③ 中国美术学院民艺博物馆馆藏。

五、中国剪纸艺术应用于现代儿童服饰的可行性

中国民间剪纸艺术是意象艺术，其简洁、夸张、视觉表现力强烈和装饰风格独特等特点，十分契合更偏向于明快、简洁的象征形式，追求装饰效果和创新的现代服装设计的需要。在现代艺术设计领域中，剪纸一直作为重要的运用元素存在着。随着传统民族特色与现代流行设计结合成为国际服装设计发展的趋势，剪纸艺术的流行程度越来越高，逐渐从刚开始的民俗类文化遗产走向世界级艺术表现形式。

第4届中国十佳时装设计师高巍设计的剪纸元素服装，把古老的剪纸非遗技艺融入服装设计中。挖掘出非遗技艺的时尚延展力一直都是他的设计理念。

国际大牌和顶级设计师采用剪纸元素的设计例子还有很多，如MiuMiu 2003年推出粉底绿团花斜襟丝绸上衣；英国品牌Marchesa 2012年推出带有中国韵味的剪纸镂空图案礼服；Three As Four 2012秋冬女装大面积地运用了中国剪纸风；Dior 2014春夏高级时装周推出了采用剪纸元素的高级定制女装；Gucci 2017年秋冬系列推出了结合剪纸元素的中国风高级成衣……设计大师约翰·加利亚诺（John Galliano）曾用剪纸纹样以及经典的中国颜色设计过极具中国特色的晚礼服，2008年秋冬高级订制一席白色镂空鱼尾裙礼服也突出了对中国剪纸艺术的偏爱。里卡多·堤西（Riccardo Tisci）在Givenchy 2008高级定制中推出了有立体剪纸装饰的礼服；贾尔斯·迪肯（Giles Deacon）2012春夏设计中的剪纸效果银色短裙很有造型感，被海蒂·克拉姆（Heidi Klum）选为第39届全美音乐奖红毯礼服；国际知名的中国设计师Vivienne Tam在2011秋冬系列中推出有中国昆曲和传统剪纸神韵的女装……

从市场的接受度来说，随着中国经济的发展，从百姓到中产阶层，早已摆脱了吃穿住的困扰，开始追求精神生活，特别是在国家提出“坚守中华文化立场、传承中华文化基因，不忘本来、吸收外来、面向未来，汲取中国智慧、弘扬中国精神、传播中国价值，不断增强中华优秀传统文化的生命力和影响力，创造中华文化新辉煌”的传统文化复兴政策以后，引发

了人们对传统文化重视的回潮。人们在中国节日礼服中越来越多地选用旗袍、唐装等服装，街头的中式服装店始终都有一定的忠实拥趸，“汉服”“华服”也逐渐走进人们的视野，甚至出现在日常的街头。传统服装作为传统文化的一大载体，引发了人们内心民族荣誉感和文化认同感的共鸣。能够把包含丰富的文化内涵、吉祥寓意的剪纸元素与国际时尚法则相结合的服饰，有望受到大众的喜爱与推崇。

现代科学技术的发展，也使得民间剪纸艺术可以更为方便地应用在服装上。比如激光裁剪机可以进行面料切割、贴布绣绣前切割，通过电脑设计切割图样，可以很轻松地把剪纸图案制作出来。其他如机械刺绣、电脑刺绣、数码印花、平网印花、圆网印花、烂花印花、颜料印花、烫金印花、植绒印花、镂空烫花、3D 镂空打印等等这些技术广泛应用于成衣制作当中，都为剪纸元素广泛地投入市场创造了技术保障。

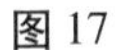

图 17

图 18①

①图 17、图 18 是让 - 保罗·高缇耶（Jean Paul Gaultie）在其 2008 年的秋冬高级定制上展示的剪纸元素设计作品。他擅于融合各种民族服饰，充分展现夸张与诙谐，把前卫、古典和奇风异俗混合得令人叹为观止。（图片选自网络：http：//shows. vogue. com. cn/2008-aw-CTR/#num = 3335）

图 19①

① 2012 年第 69 届金球奖颁奖典礼上，戴安娜・艾格（Dianna Agron）身穿贾尔斯・迪肯（Giles Deacon）设计的红色剪纸纹样礼服亮相红毯。层层叠叠的裙摆富有节奏感，给人以华美、精致的感觉。（图片来自网络 http：//pic. haibao. com/pic/2785417. htm）

图 20

图 21

图 22①

---

① 图 20 - 图 22 是 GUCCI 品牌 2016 年推出的中国传统图案服饰和虎头帽元素的帽子（图片来自网络：https：//mp. weixin. qq. com/s？ _ biz = MzAxMDMyMDI3Nw%3D%3D&chksm = 8090ea81b7e763976ac9260e2196d22b65564add18a1d098ab16dd83618f934bbaeb59383f1d&idx = 1&mid = 2654366331&scene = 21&sn = 4eac4fa7f7a316d0b5e9ac2d8f4901ad）

六、关于中国剪纸艺术在儿童服饰中应用的几点看法

（一）注重文化精神的传承

剪纸浓缩了千百年中国文化与民族特色的精华，用于服饰的中国传统剪纸图案已经抽象为一种情感符号，表达了一个民族特定的审美观念和生活情趣，反映了鲜明的民族性和精神特征，蕴含着共同的文化内涵。

在当下弘扬中华传统文化的热潮中，探索与研究剪纸艺术在儿童服饰中的应用，对于挖掘中华优秀传统文化蕴含的思想观念、人文精神、道德规范，加深我们对自身文化价值的认知，传承“中华民族的精神命脉”，增强文化自信有着深远的意义。

中华优秀传统文化的传承不应当是仅仅把中国元素用某种形式简单地表现出来，而更应该是一种文化精神的传承。中国传统剪纸图案在服装设计中的运用不应当是仅仅硬凑几个龙凤图案，而应该是在深入研究传统民间剪纸艺术风格、造型特征、表现形式和审美特征的基础上，提取其形状造型，延续其意蕴内涵，传达其精神文化。

从古到今，做父母的对子女的心愿都有着共同点，传统剪纸图案所承载的寓意，除去一些因时代发展而不合时宜的内容，大部分仍然能够引发现代父母的共鸣。如吉祥如意、平安如意、富贵连绵、三阳开泰、四季平安、五福捧寿、六合同春、祛灾防病、健康活泼、勇敢无畏、蟾宫折桂、知书达理、文质彬彬、四君子、八吉祥、八宝纹、鲤鱼跳龙门等。这些寄托父母美好祈愿和具有深远寓意的图案，表达了家长对孩子的满满爱意和祝福的同时，也是文化精神在一代一代人之间的传承，符合家长对儿童服装独特性、文化品位的要求和精神传承的心理需求。

（二）传承与创新结合

剪纸是来自生活、用于生活、美化生活的艺术。它伴随着各类民间习俗而产生，并广泛地应用于当地人们的生活生产、节庆活动中，正因为如

此，剪纸艺术传承千年，始终都具有勃勃的生命力。现代中国，人们的生活发生了巨大的变化，剪纸艺术的传承与发展，也必将呈现新的形式和新的内容。

近几十年来，中国剪纸元素是服装设计中经常触及的灵感来源，很多设计师进行了把剪纸元素融入当代服装设计的探索，但总体来说，如何把传统经典在当下进行传承创新，需要更多地去探索，去钻研。需要深入地研究剪纸艺术的历史文化传承和深厚的内涵，将其特点在国际时尚法则和流行趋势基础下进行概括和提炼，进而取其“形”、延其“意”，传其“神”，利用现代科技与工艺，借助国际化、现代化的设计元素和语言，把传统剪纸文化的精粹融入现代童装设计之中。在传承与创新的过程中，需要经历去粗取精，去繁留简的提炼过程，遵循简单却不直接，精致却不烦琐的原则，才能从“世界”的高度演绎“民族”。旗袍、文明新装的演变产生，是西方时尚与中国传统服装之间交流的成果。

（三）艺术性

把剪纸元素融入当代童装设计中，要特别注重结合时代的审美理念和艺术美感形式。由于历史原因，中国大众20世纪80年代以来的审美理念受西方影响严重，传统审美理念受到极大挑战，很多传统图案、花型、配色沦为“土气”的代名词，因此剪纸元素在童装设计中运用时，艺术性设计就显得尤其重要。要多方运用童装的款式、色彩、面料、结构、工艺、装饰等技术表现的形式，传达出童装的流行信息和美的情感意味。要认真总结出剪纸意象在服装面料的设计应用，要注意根据不同面料的性质，结合相应的不同工艺特点，协调好面料与服装的风格，才能取得较为理想的效果。童装艺术性美感还包括对线条、色彩、秩序、和谐和整体性的感受。除了家长的审美需求，还要兼顾儿童的审美特点，在现代儿童教育理念的影响下，越来越多的家长重视儿童自主性的培养，很多儿童从三四岁甚至从两岁多就开始自主选择服装。儿童的审美主要是靠幼儿的直接感知，在直接感受服装的色彩、图案中去获得漂亮的结论。儿童还往往从局部或是从自己感兴趣的那一部分去审美，所以儿童更容易被活泼生动的图案、造型色彩特别的口袋吸引注意力。扣子虽然也是吸引儿童的一个点，但是因为安全和方便原因，儿童服装上扣子不如拉链受欢迎。

（四）趣味性和实用性

趣味性和实用性是传统儿童服饰的重要特点，非常值得我们去认真研究发掘，发扬光大。传统儿童服饰纹样大多来源于生活与自然，并经过意象变形、创造夸张、富有趣味，符合儿童的视觉和心理要求，能引发孩子对大自然的兴趣，开发他们的智力，对儿童的认知启蒙和艺术启蒙深具价值。

图 27 是《神虎镇邪》的作者曹振锋 1986 年在河南淮阳发现的一系列鞋样剪纸中的一幅，是一位叫宋玉珍的七十余岁老奶奶剪的，很有独创性。“她剪的虎头是由石榴、桃子、葡萄、荷花、花蕾、花叶以及蝴蝶、蜻蜓、鸡、鼠组成。用果子的核、花的子房为虎的眼睛，或用双对的鸡、双对的老鼠吃葡萄、鸡的卵为虎的眼睛。若从局部看是花的果，鸡生的卵，但从整体看便是虎头，额部再上个‘王’，更是虎无疑。”①

图 27　虎头鞋样纹

实用性是传统儿童服饰的突出特点。其中肚兜、围涎、披风等是典型代表，这些服饰都十分符合儿童生理需求，方便儿童活动，穿着便利，方便看护人为儿童替换衣服和减少清洗的工作量。实用性使它们成为儿童服饰的经典款式，在中国古代儿童中广为流传。清代留下了许多传世实物（图 28），

① 曹振锋：《神虎镇邪》，社会科学文献出版社，第 236－237 页。

其款式之多、花色之众让人惊叹。民间艺人们还擅长“适形而饰”，根据实用需要，在有条件限制的情况下，对图案进行装饰、变化。在陕西，冬天儿童们的袖口处常延伸出一块半弧状，并适形的装饰老虎的造型，既寓意孩子健康茁壮成长，又防止孩子们冻手，起到保暖的作用（图 29）。

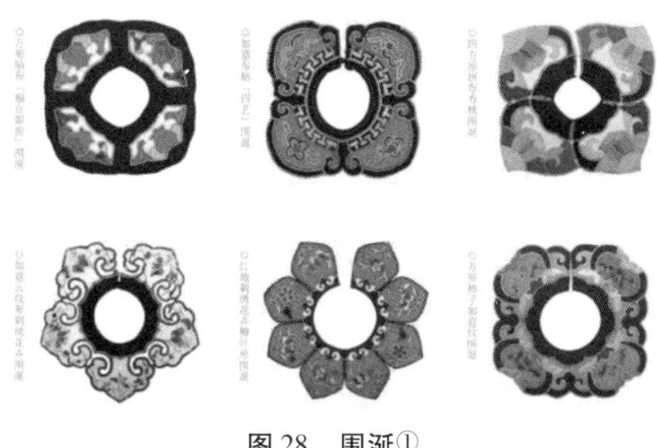

图 28　围涎①

图 29　陕西儿童服饰中的老虎袖口②

① 中国美术学院民艺博物馆馆藏。

② 宋扬：《陕西剪纸意象在服装面料设计再造中的创新研究》，西安工程大学硕士论文 2018 年。

正如习近平同志所言："坚持创造性转化、创新性发展，不断铸就中华文化新辉煌。"中国剪纸艺术在儿童服饰中的应用，将提升现代儿童服饰的文化内涵，展现中国设计独一无二的风格，引发国人共鸣，使世界认识中国。用时尚激活传统，用传统推动时尚，活跃儿童服饰的设计思路，将传统艺术与现代设计理念、新型面料、新型技术结合，发挥文化引领风尚、服务当代社会，促进中国服装产业发展是我们的期待。

壮族服饰刺绣及其功能探研

樊苗苗[*]

在西南各少数民族服饰中，刺绣技艺的运用非常普遍。相对于苗族、瑶族斑斓五彩的刺绣服饰而言，壮族服饰多以黑、蓝等稳重的色彩为主。从感官印象上，壮族服饰色彩少了些绚烂，多了些素雅。然而，即便再素雅的壮族服饰，服饰上仍然蕴含有少数民族妇女聪慧精巧的刺绣文化。壮族服饰的刺绣往往是点睛之笔，是沉静中的一抹跳跃。时至今日，更与当下的时尚潮流有着类同的审美表达。

一、壮族服饰上的刺绣

在壮族刺绣品中，背带、被面、挂包等日常生活用品往往更容易成为代表性物品，而不是壮族服饰。与服饰相对素雅的色彩不同，诸如背带此类的单件壮族刺绣品不仅图案丰富、色彩绚烂，更是刺绣手法多样、技艺精湛，极具浓郁的壮族文化特色。壮族服饰较少被关注，这与壮族服饰整体色彩偏黑、偏蓝有着很大的关系。因此，对壮族服饰上的刺绣研究，不仅是壮族服饰研究的一部分，也是对壮族刺绣研究的补充。本文界定的壮族服饰主要指穿着于人体身上的衣裳和配饰，以具有对人体保暖和装饰功能的物品为主。

* 作者单位：广西民族博物馆。

（一）刺绣的位置基本是在服饰边缘处

在对各地壮族服饰进行形制和品类的分析后，概括出穿着于人体身上的壮族服饰大致有 9 种类别，分别是衣、裙、裤、头巾、胸兜、围腰、围裙、鞋子、各种装饰配饰等，大体上囊括了壮族着装从上至下的所有物品。刺绣是在织物上穿针引线构成各种装饰图案的手工技艺。刺绣的第一材料是织物，也就是各种面料，然后利用各式针线，采用各种技法在面料上进行装饰构图。在壮族服饰中，“各种装饰配饰”多呈现为银饰或其他材质的首饰，无法在上面施展刺绣技艺，因此本文研究对象的材质主要以纺织面料为依托。

在对壮族的衣、裙、裤、头巾、胸兜、围腰、围裙、鞋子进行观察和分析后，发现壮族服饰刺绣位置基本上都是在这些物品的边缘处。譬如壮族衣裳的刺绣主要集中在领襟、袖口、下摆、开衩和其他部位；裙子刺绣的位置主要分布于裙下摆、裙带等地方；裤子则体现在裤腿或者膝盖以下的位置；头巾也是主要在头巾两端或者中部；胸兜和围腰的刺绣位置主要在胸口部位；鞋子则主要在鞋头、鞋身。因壮族服饰刺绣多在服饰的边缘处，在壮族服饰整体面积中的比例并不是很大，所以壮族服饰的整体色彩还是多以黑、蓝色为主，多色的刺绣装饰犹如绘画的线条，给壮族服饰勾勒出轮廓，也给壮族服饰增加了些许亮色。

（二）刺绣位置的特殊性与节俭表达

相对于服饰上的其他面料而言，服饰的边缘处是其与另外一个空间互相接触过渡的地方。由于人体的脖子、手、腰、脚等关节都是活动的关键点，使得服饰上与之对应的面料与外界接触的概率倍数增加。传统壮族服饰的面料多以棉麻为主，棉麻纤维的材质决定其物理性能随着时间的变化或摩擦的增加不断出现损耗。一般来说，越是活动频繁的地方，对面料的拉扯频率越高，那么面料损耗的频率就越大。壮族服饰中这些关键点的面料消耗频率也就越大，刺绣作为面料的二次加固途径因此得以广泛使用，其目的是为了增加面料使用的时间。传统社会中布料的织造是非常耗时耗工的。即便在现代壮族传统村寨，织造出一卷长30米、宽约0.4米的棉布都要需要消耗一位壮族妇女半年的农闲时间，故而在传统的农耕社会中，服饰面料的生产更加不易，服饰面料尤其显得珍贵。为了更好地保存一套服饰面料的使用时间，在活动频繁的服饰位置处进行二次或者多次加固的行为不仅表达着壮族妇女对物的珍惜，也反映出传统社会中物质生活资料获取的艰难。

二、刺绣的多样选择

刺绣是在织物上穿针引线构成各种装饰图案的手工技艺。刺绣技艺在各民族服饰中应用十分广泛，壮族服饰在衣、裙、裤、头巾、胸兜、围腰、围裙、鞋子8个类别中都有刺绣存在。壮族女性在服饰进行刺绣时候，不仅会根据刺绣所在的位置进行图案的布局、刺绣丝线色彩的运用，也会结合面料的材质进行技法的选择。

（一）刺绣技法的使用

对壮族服饰刺绣对象进行分析发现，每一件物品并不是单一技法的使用，而是各种刺绣技法的综合运用。壮族服饰刺绣常用绣法主要有平绣、布贴绣、剪贴绣、挑花、打籽绣、盘金绣和织带贴缝等。壮族妇女正是通过这些不同技法的综合运用，制作出独具特色的壮族服饰。

平绣是各种绣法的基础，分布最广，使用范围最大。平绣的特点是单针单线，针脚排列均匀，丝路平整。平绣针法有两种：一种是从纹样边缘的两侧来回运针作绣，要求线纹排列整齐，边缘圆顺；另一种先以长针疏缝垫底，再用短针脚来回于边缘两侧运针，绣出的纹样微微凸起、平整光洁。由于平绣技艺的简单性，在壮族服饰刺绣中，平绣运用的范围是最广的，衣、裙、裤、头巾等种类中都有平绣技法。由于平绣技法使用的简单性和普遍性，多在表达花卉纹样中出现，尤其是需要呈现较大面积的装饰中，平绣是最好的选择技法。

布贴绣，也称“贴布绣”“补绣”。做法是先用织物剪裁出纹样的部件，然后缝缀在底布上，构成图案。布贴绣工艺相对简单，化零为整，块面色彩鲜明，呈现出几何化的构图，具有强烈对比效果。布贴绣在壮族服饰应用中多被使用于被面或背带心，在穿着服装上，以清代龙胜壮族女衣背面和百褶裙下摆表现得较为突出。在清代龙胜壮族女服上的布贴绣，其目的不仅是对壮族服饰的加固，更重要的是装饰的表现（见图 1）。通过对图 1 的观察可知，清代龙胜壮族女服正是利用了布贴绣的技法，促使上衣下裙之间互为呼应，达到相得益彰的效果，形成清代龙胜壮族女服刺绣的独特审美艺术表达。

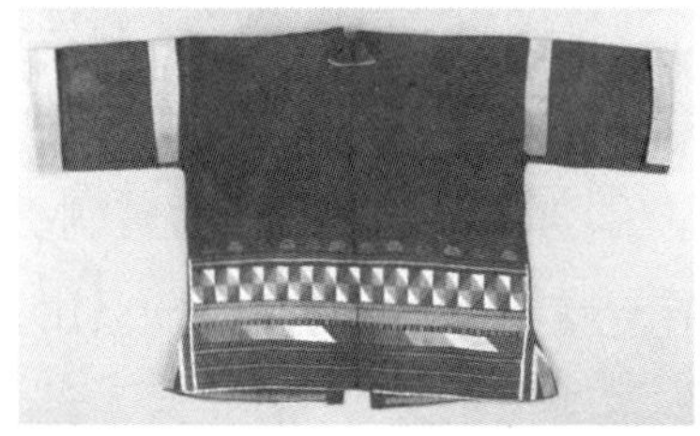
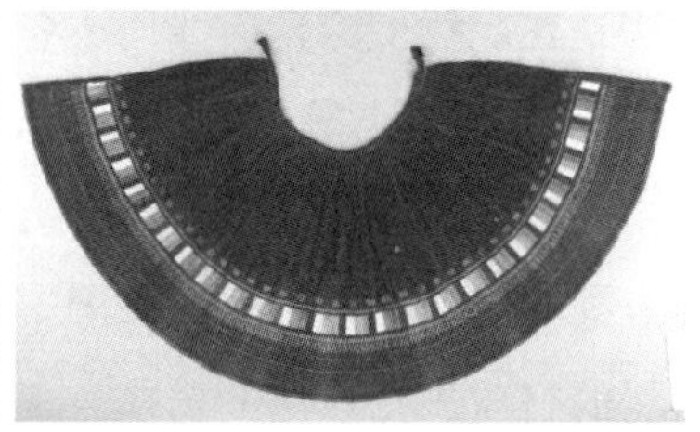

图 1　清代龙胜壮族女衣背面与百褶裙展开图

剪贴绣是先用剪刀在纸上剪出各种图案，把剪纸图案贴于底布上，再用各色丝线在针的引导下裹缠覆盖图案而成，具有一定的凹凸立体感。壮族服饰的剪贴绣在隆林壮族女服的领襟处体现出来。无论是隆林沙梨乡的壮族女服领襟还是革步乡的壮族女服领襟，都是采用了剪贴绣的方式。传统的壮族妇女在用剪刀剪出刺绣纹样的时候，是不需要绘画的，其构图已经深入脑海之中，剪刀所到之处就如同笔墨的线条，最后连接成各种花卉鱼虫的图案。由于是在空白的纸上剪出各种图案，因此掌握这样技艺的壮族妇女凤毛麟角。在壮族传统社会中，多是不会剪花样的妇女拿着一些物品请会剪花样的妇女帮忙，获得花样后再进行刺绣。在调研过程中发现，随着时代的变化，原来需要掌握剪花样的技艺已经被复印所取代（见图 2），在隆林壮族刺绣市场上，随处复印好的壮族花样，由于已有构图，只需要使用剪刀就可以制作刺绣花本，从而使得刺绣精美与否成为决定性的要素。

图2　广西隆林街上的壮族剪贴绣商品

挑花主要分为“十字挑花”和“数纱挑花”，是各民族绣法中最常用的一种。其技艺手法是在脉络清晰的面料上根据经纬线走向挑出十字或者线段，并通过每个细小单元组合成各种图案。由于挑花技艺的特点，对面料有着一定的要求，最好是经纬纱向分明的面料。越是细致的面料，需要挑花技艺的强度越高。壮族服饰刺绣中的挑花对象主要见于清代龙胜壮族女服实物，这是由于清代壮族服饰面料是棉麻混纺面料，其经纬纱向构成非常清晰明朗。

打籽绣是古老的刺绣基本针法之一，俗称“结子绣”“环籽绣”，民间叫“打疙瘩”。打籽绣的方法是采用丝线缠针绕圈形成颗粒状，绣一针成一籽，构成点状纹样。壮族服饰刺绣中的打籽绣并不是单独使用的，而是结合了平绣、剪贴绣等多种技法，壮族妇女把打籽绣技法主要用来表现花蕊、眼睛等，装饰性很强，具有画龙点睛的效果。

缠金绣，是利用针线把类似金条的装饰物钉缝在面料上的一种技艺，在壮族服饰刺绣中多应用于云南壮族服饰上衣的下摆、侧摆等位置。云南壮族女衣面料多采用了亮布制作。亮布是壮族服饰面料中较为特别的一种，是通过各种工具对蓝染好的棉布进行碾压，使得经纬纱线由圆柱形变成扁平形，从而改变了面料的物理性能。相对于一般棉布，其反射光照的面积变大，在太阳光下呈现出闪亮的效果，故而称之为亮布。亮布由于经纬纱已经发生了变化，不同的经纬纱线之间隔离的空间很小，这给刺绣增加了很大的难度。因此，聪明的壮族妇女放弃了在亮布上进行刺绣的想法，而是对亮布的边缘进行加固。云南壮族女衣的侧摆和下摆便是这样的选择（图3）。

图3 云南壮族亮布女衣下摆、侧摆上的缠金绣

织带贴缝装饰的出现时间并不是很早，而是随着机织织带进入壮族社会中才有的。在传统的壮族服饰中也有织带的发现，比如清代龙胜壮族女衣背面和百褶裙的下摆处，不过这里的织带并不是作为加固面料或者刺绣装饰的主要功能而存在，而是作为衣身和裙身的面料结构存在，与后来出现的机织织带作为装饰的功能有着很大的区别。织带贴缝的壮族服饰刺绣更多出现在20世纪80年代后制作的壮族服饰中，这与时代的发展有着莫大的关系，因为从那个时候开始，少数民族市场上开始涌入大量的外来商品交易。因此，织带贴缝技艺的产生，是时代发展的结果。

（二）基于服饰面料的刺绣技法选择

壮族服饰上的刺绣技艺手法与壮族服饰面料之间存在着一定的关系，面料不同采用的刺绣技法也不同。麻布面料或者棉麻混纺的面料以挑花技法为主，因为棉麻混纺的面料由于经纬纱线相对而言较粗，更能清晰地分清楚经纬纱线的脉络，非常适用于以经纱和纬纱为基础单元的挑花技法；棉布面料是壮族服饰面料的主要构成，因为基数大，故而在棉布上的刺绣也就非常多，壮族妇女多采用平绣、剪贴绣的技法进行装饰；亮布是西南少数民族服饰中的一种特殊工艺，多见于壮族、苗族、侗族的服饰上。亮布上多采用缠金绣、剪贴绣，这是由于亮布的特殊工艺使得面料密度大，很难在上面进行各种刺绣针法，缠金绣和剪贴绣较之于其他技法在面料上的入针较少，所以成为亮布面料的选择；到了近现代，社会发展和商贸流通给壮族地区带来了机织织带，织带贴缝开始成为壮族服饰装饰中的一种技艺手法。在壮族服饰实物发现织带贴缝的底料多是20世纪后生产的腈纶面料或者机织斜纹布等机械生产面料，这样的面料较传统面料结实耐用，密度加大的同时也使得刺绣过程中针法难度的增加，织带贴缝所呈现的装饰效果因为极大地较少了刺绣的耗时，因此也成为一种壮族服饰刺绣装饰的选择。

三、从实际需要到象征符号的功能变化

在人类服饰发展史的过程中，服饰的功能作用大都从人类早期的保暖、御寒等实际需要逐渐向装饰、美化和族群认同、文化认同等功能转化。壮族服饰与壮族服饰刺绣的发展过程也是如此。对壮族服饰刺绣对象的研究也从实物物证的角度证实了这样的发展过程。

（一）第一功能：加固与实用

人类学功能学派创始人之一的马林诺夫斯基（Bronislaw Malinowski）指出："功能总是意味着满足需要，从最简单的吃喝行为到神圣的仪式活动都是如此。"因此，壮族服饰刺绣最初产生的功能作用一定是满足人体活动的需要，这从刺绣位置多设置在人体活动的关键点得以证明。壮族服饰上的刺绣最初的功能是源自对壮族服饰的加固，其目的在于延长壮族服饰的寿命。这种目的在清代龙胜壮族女衣的贴边结构（图4）中明显地表达出来，其女衣的贴边采用了与衣身面料不同色彩的棉布进行贴缝装饰，图中粗线显示的贴边加固位置多是服饰的边缘处。在传统的农耕社会中，物质生活资料的获取是极其艰辛的。朱柏庐《朱子治家格言》曾道："一粥一饭，当思来之不易；半丝半缕，恒念物力维艰。"这句格言就是告诉世人敬畏、珍惜身边的平常事物，因为这些都是辛苦的劳作所得，这是一

种“敬物尚俭”思想的体现。在文明发展的初期，对天地的敬畏，既是对自然现象的未知，也是对获取生产生活资料艰辛的反映。在这样的社会背景下，如何延长服饰的使用寿命成为传统社会生活中的一个重要思考。壮族服饰刺绣多在边缘处和人体活动的关键位置说明了这一问题。在人体活动的关键处和边缘处都是面料损耗频率最高的地方，在这样的位置进行面料的加固，能够有效地延长服饰的寿命。

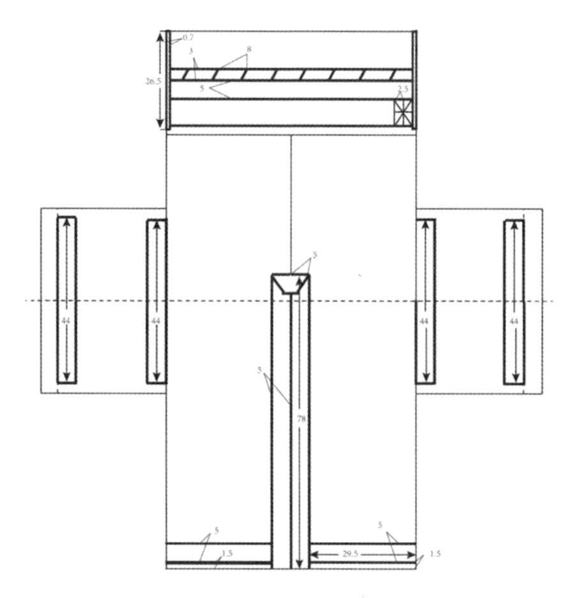

图4　清代龙胜壮族女服贴边示意图

（二）延展功能：装饰与美化

随着社会的发展，尤其是物质生活条件的不断提高，壮族服饰刺绣也逐渐从最初的延长服饰寿命的功能为主延展至以装饰、美化服饰为主。在这个过程中，壮族女性发挥了重要的作用。在传统男耕女织的社会中，女性在服装制作领域一直都是主要角色。当刺绣发展成为对生活的一种美化之后，刺绣技艺表达高超与否是展现女性聪慧魅力、心灵手巧的重要舞台。刺绣技艺成为社会评价一位女性的重要指标，而这个指标往往与壮族女性婚嫁选择和家庭生活幸福美满有着很大的关系，服饰制作、服饰刺绣精致的女性往往成为社会赞美的对象。在这样的社会背景下，壮族女性对于壮族服饰刺绣技艺越来越重视，不断地在服饰上展示她们的刺绣技艺和聪明智慧，也使得刺绣表达的文化不断得到丰富和扩展。

（三）功能转化：象征与符号

在经济全球化的时代背景下，随着社会的快速发展，少数民族社会受到的影响急剧加深。在田野调查中，发现即便在相对偏僻的壮族传统村寨，传统壮族服饰也正在退出人们日常着装的舞台。传统的壮族服饰已经不再是大多数壮族人日常生活中的着装，而是在特殊场合和特殊日子中的服装，传统壮族服饰逐渐成为一种礼仪式服饰，在这样的背景下，壮族服饰刺绣的主要功能也从最初的加固实用衍化成为壮族文化内涵的栖息地。例如，每当在壮族“三月三”节日时候，便可以看到各地壮族群众着民族服饰的盛况。当下，服饰的功能虽然依然具有遮羞、保暖、御寒的基本功能，但在当代的审美和时代背景中，传统的民族服饰已经由日常服装逐渐转变为特殊场合、特殊日子中的着装，功能的变化促使壮族服饰刺绣也逐渐成为一种民族识别的象征与符号。从壮族服饰刺绣的技艺、图案、色彩中都能寻找到壮民族独特的民族审美和文化内涵，壮族服饰刺绣逐渐生成为壮族文化的符号，在诸多需要标榜民族身份的场合，壮族服饰与壮族服饰刺绣成为壮族文化的象征。

壮族服饰刺绣具有独特的艺术审美特征，它是壮族文化的一朵绚丽耀眼的艺术之花，是壮族民众智慧和辛勤劳动的结晶，也是中华文化艺术宝库中的璀璨珍宝。然而，随着社会变迁，壮族服饰和壮族服饰刺绣都逐渐衰落，陷入传承困境。如何有效地保护与传承壮族优秀的文化艺术，需要我们付出更多的努力。